逸情過後・科技已至

Beyond Detached Worldly Feelings · Technology Has Arrived

量子空間等化儀系列一
－ 上冊 －

推薦序

量子好生活，進入你家我家

　　「疫情」當頭轉個念成為「逸情」過後如何？意識創造實相，正是量子訊息科技該登場的時候了！「逸情」轉化原先的悲情和不確定性，並直指「過後」，意味著不在時光波裡留駐，每個人應開展自己的新生活啦！

　　回顧2020年3月遇見中醫學博士林子霖談量子雲端應用，只因聽到可以複製訊息，即解讀為大大減少地球負擔，以及能夠協助土地、水系等進入農牧漁業善循環發展，遑論家族健康照護，更是老齡化與亞健康社會時刻都在面對的問題，於是我就一場接一場辦分享會，並投入實際應用學習。

　　不需要品牌，不需要名相，林子霖一如他30年前把網路教育鋪陳開來就退隱般，這次時空因緣走到了宇宙奇點，他再度默默耕耘，個人獨力撐起以美國太空科技為基礎的原型機SE-5技術，進一步研發完成「量子空間等化儀」Q.S.E.系統，其間包含令人讚嘆的中醫思維健康調理資料庫，繼而是普及人人可自我照護的手機雲端系統。接著更多日常應用，如因緣際會出現的量子水機、各種訊息貼片、倚天屠龍棒、龍泉杯墊、綠源杯墊、QBU等等可進入你家我家。若我們在「元宇宙」乾爽的同時，又能回到現實輕鬆應對生活，豈不快哉？

　　這本書算是Q.S.E.量子空間等化儀應用手冊，彷彿在說「宇宙最大的祕密就是沒有祕密」，林子霖盡所能把思路、資料、技術等系統整理給使用者、研究者、學習者，直接把科普推上了應用平台，且有效才是王道，似乎我們再也沒有理由避開量子生活了！

愛之島共生學苑發起人

蘇千恩

作者序

　　過去的我向來只做自己喜歡的事，不為錢工作！從小就是一個好奇寶寶，拆東西是必要的，裝不回來也很常見。家人基本上搞不清楚我在幹嘛？

　　大約40年前，因為某種因緣接觸到BBS（網路的前身），一頭栽入進行義務性推廣，講課、寫書、商業推廣等等。推廣了約10年（網路世界，差不多穩定了），就退休移民到加拿大去，順便把北美的網路資訊引進到亞洲來。

　　在加拿大期間，每天就修身養性，練練以前在台灣沒空學習的功夫、氣功等，也慢慢對氣有了初淺的認識與體會。在加期間也認識了很多隱居在加拿大的大師們，慢慢地從理性白癡（工科男的思維）開啟了另一扇從未想過的視窗。

　　小時候也跟大家一樣，充滿高度想像力，腦中會有人可以輕易遨遊天際、瞬間移動等等天馬行空的想法。

　　在與大師們的交流與學習下，才知道學校學的東西幫助很有限，還有非常多的學問需要去理解與學習。其中一位大師，他告訴我解答其實就在問題的旁邊，只是一般人不懂，所以都遠求！是呀，你是大師，問題我不是呀？這個問題，一直停留在我的腦海裡！

　　約是10多年前，在網路上閒逛，突然看到一部美國製造的量子儀器，售價非常便宜。以當時的概念，量子儀器一部至少都台幣上百萬，這部才十幾萬而已，是一樣的東西嗎？

就這樣我買了一部回來，也開展了我踏入量子儀器世界的第一步。這部美國版的量子儀器，在當時是全世界歷史最悠久的量子儀器，我買的那個時候，那部儀器大約已傳承、推廣了27年。

　　拿到儀器後，開始進行我的一系列的軟硬體改造，費時過程約是3年，我在美國原型機的基礎上，成功開發出量子空間等化儀3000型（Q.S.E. 3000型）。最大改變就是在美國的資料庫上，再加上中醫的思維與資料庫，往後的日子，就是不斷地豐富中醫資料庫的內容。10餘年來，量子空間等化儀資料庫內已經擁有非常豐富的中醫藥學的資料庫，而且很多等化率值（Rates）都是由實體藥物（市面上大部分量子儀器內的項目，都來路不明）轉換進來的。

　　很多朋友認為我開發出量子空間等化儀3000型（Q.S.E. 3000型）是來自於美國的教導？我可以負責任的講：「並沒有。」

　　Q.S.E. 3000型的研發，是由我獨立完成的，我只是單純請美國幫我代工硬體，我也完全不受制於任何人。截至目前為止，資料庫與程式介面上的每個字，都是我一個人慢慢輸入進去的！

　　最近我們會單獨出品一款隨身佩戴的QBU，就是100%由台灣來製造。因為製造東西對我來講，是一件非常簡單的事。QBU就好像是Q.S.E. 3000型的縮小版，不過只是執行單元，而無法創造與編輯療程。

　　經過10餘年的推廣與落實後，Q.S.E. 3000型逐漸被大眾所認同（不像別款量子儀器只專注在醫療應用），實際應用的範圍也早已超越一般的量子儀器了！

　　走到目前為止，我已經走到讓大家每個人都能成為大師的地步（借助量子系統的協助），雖不中亦不遠矣了！

本冊主要在介紹量子空間等化儀（Q.S.E. 3000型）的沿革及操作，附帶的介紹由儀器所延伸出來的相關量子產品。本冊閱讀完畢後，請進一步閱讀下一冊更精彩的內容。

林子霖 博士

筆名　莫明

主修　電子工程學（E.E.）

鑽研　易經及各類五術、不同能量間轉換技術

進修

廣州中醫藥大學中醫內科學碩士、博士

經歷

高傳真系統（Hi-Fi）設計與研發、電腦硬體設計與研發、電腦軟體程式設計

專精

有線通訊（電話）、無線通訊（香腸族、火腿族）、數位通訊（網路）、生物通訊（生物能）、量子通訊（訊息層）

著作

BBS電腦通訊站入門與架設實務（立威）、BBS電腦通訊站技術秘笈（第三波）、Maximus BBS架設實務（資訊與電腦）、BBS電腦通訊站使用入門（倚天）、BBS電腦通訊站使用入門增訂版（倚天）、小朋友學BBS（長諾）、數據通訊教材系列：BBS & Internet入門篇（松崗）、Internet輕鬆上網（第三波）

CONTENTS

CHAPTER. 01

訊息技術
Information Technology

CHAPTER. 02

量子空間等化儀：**單機簡易操作**
Quantum Space Equalizer: Stand-Alone Mode
Easy Operation

CHAPTER. 03

量子空間等化儀：**聯機簡易操作**
Quantum Space Equalizer: Connect Mode Easy Operation

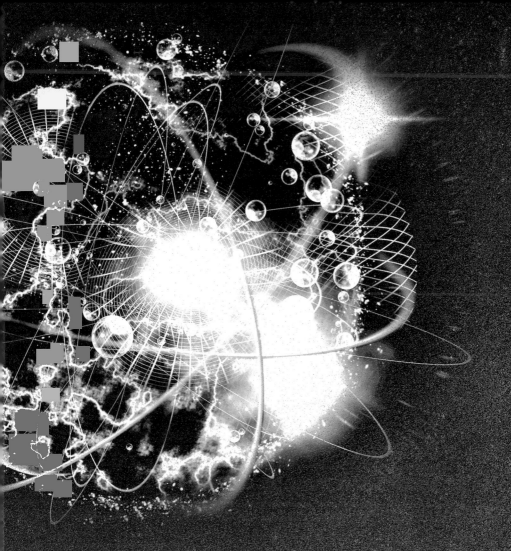

CHAPTER 1

訊息技術

Information Technology

放射粒子儀器
發展簡史

A Brief History of the Development of Radionics Instruments

　　一開始我們以為細微的訊息場是一種能量，因此稱之為「微能量場」；現在我們發現把它當成能量並不恰當，比較適當的描述是稱之為純粹的「訊息場」，它會從所有自然造物與人造物組成的事物散發出來，直到構成一切的絕對原子（透過自動降階）。

　　我們稍後會詳細討論這部分，但我們都知道，沒有什麼是真正堅不可破的，即使我們接觸後感覺如此。深究其內，其實是微小的原子以難以置信的速度在所有已知的物品裡移動。但原子怎麼知道如何移動或移動多少電子？原子是用什麼方式產生特定成分，以建立不同形狀和用途的分子？我們把支配這個創造性過程的藍圖，稱為「本質訊息場（IDF，Intrinsic Data Fields）」。

　　事實證明，一切都照這些藍圖設計，也已被編寫進去，或載運在某種形式的能源上，例如：光、電磁、原子等。由於它們通常與能源領域相關，因此自然一開始就認為它是能量。有些人稱之為「生物場」，或簡稱「L-Fields」，因為它似乎出現在所有形式的生命中，包括有生命力與無生命力的活體。

　　這些領域有許多名稱，但我們稱它為「本質訊息場」或「微信息場」。它細微到實驗會受到人的念頭影響。這就是為什麼有時很難在微領域實驗中，使放射粒子或任何其他類型的實驗得到100％重複結果的原因，因為參與者的想法會影響實驗！即使是創始科學家們在原子和亞原子粒子實驗中，也開始理解到這個現象。科學家們認為它是俱有特質的，因為它有時會有無預期行為。

那是不是說明宇宙中每一個活體都散發著這些微訊息場的訊息？

是的。不僅如此，且連每一個「非生物」，例如：石頭或金屬，都散發著這些微訊息場的訊息。在某種意義上，宇宙中的一切都是有生命的，一切都是來自本質訊息場（IDF）藍圖，由轉動的原子組成。

讓我們來看看植物的例子。

這是一張使用克里安照相機所拍攝的特殊照片，圖中是一片葉子，你可以看到葉子邊緣環繞著燦爛的光芒。這葉子的光圈或「電流」就是這片葉子的本質訊息場藍圖。即使取走一部分的葉子，藍圖仍然會維持一段時間。

這是真正的葉子物質前形，就像一個建築師的藍圖，在設計師心裡，是非常真實的，他／她知道這結構具體要如何表現、如何成形。當然，大自然的建築師沒有業主在過程中改變主意，大部分的時候，自然都把形物變得完美。

量子空間等化儀（Q.S.E.）可以用來測量和解析生命訊息場。現在讓我舉個例子，以狗的心臟來講，如果心臟的微訊息場是強壯的，則心臟本身就能以健康的方式被創造和維持運作，而讓狗充滿活力和能量，這就是正常的自然設計。

同樣的，如果心臟被微弱的微訊息場圍繞著，代表它可能不那麼健康，要到有執照的獸醫處確認；若是人類的話，要到醫療單位去找有執照的醫生診斷。

這是另一種看待它的方式。如果你做一棵水果樹的放射粒子分析時，發現了某種細菌有高的微訊息指數，這是否意味著這棵樹有細菌？

由於我們沒有實際用顯微鏡觀察，我們無法看到是否有細菌在此樹，但我們發現一些非常有趣的關聯性。顯然當我們發現某一種細菌有低的本質訊息場（IDF）讀數時，也會發現數量很少或非實體的元素。有時，縱使它已被

察覺到有一個高的指數，卻沒有發現細菌實體。我們稱這些讀數為「病源」，可被解釋為藍圖的「建案」正在進行中，但還沒有到達具體程度。

這好像是宇宙中的一切都會發出其特有的共振訊息，就如同你的指紋一樣。因此，有一個細菌存在，就在該訊息場發出訊息是合理的事。唯一的確認方法是採取樹的部分，放到顯微鏡下看。經過如此比較，你可能很快會相信，當某些特定本質訊息場（IDF）數值被發現，仍有實體的關聯性存在。

IDF（Intrinsic Data Fields）＝本質訊息場
Radionics＝放射粒子

放射粒子的理論演進

在英國診所，放射粒子從業人員與醫生有密切的合作，且能自由地與醫生和護士討論其檢測結果，這與病人的福祉有很大的關係。

在德國和美國，製藥公司的權威及權力已達頂峰，大多數醫生和教授甚至不知道如何拼寫Radionics這個字，更不用說知道其使用原則和使用的對應程序。

如果一個人碰巧聽到Radionics這個字，隨之而來的反應總是：「這是騙人的、沒效用的，當然也是不科學的。」但在德國和其他國家，對放射粒子有興趣的人越來越多，尤其是一些獨立開業、有自我思考力的醫生及另類療法醫生。越來越多的患者都發現這種整體方法可作為一種替代、或輔助原來傳統治療的方法。

放射粒子在上個世紀的表現非常成功，在英國已經使用了數10年，是讓人們在除了正統醫療外的另一種選擇，儘管這個技術理論改善了人們的生活品質，但在世界上多數的地區，仍然不被重視。這種理論技術相當有潛力，因為這是一個非常有用的工具，除了用於分析及平衡外，其內容更是包含許多診斷和治療方法，可說是包羅萬象。這確實遠遠超出一般正統醫學院的教授

內容，而且完全不遵循牛頓的世界觀。

放射粒子可被看作是走整體道路的一門科學，為了要了解放射粒子，必須先認識它的起源及發展，並透過開路先鋒，例如：艾布拉姆斯、德朗、希羅尼穆斯、德拉瓦爾等人的發現，了解其基本的原則、方法及運作之間有相互聯繫，就像我們的世界和生活，與想像力、直覺及受符號的影響等之間的聯繫，我們都已經知道了數千年。

在西元前400年，西方醫學之父——希波克拉底就已經闡述了全息世界觀的概念，我們可以透過了解他所提的和諧元素，也可以依循《阿育吠陀》的腳步，或是經由巴拉塞爾士所曾思考過的形態領域（這其實比Rupert Sheldrake還更早提出），來認識全息世界觀。Samual Hahneman努力開發的順勢療法，其基礎就是形式上的放射粒子；特別是高濃度、高稀釋後的母酊液，實際上已經沒有原來的物質存在，而僅僅是訊息的共鳴。這使得放射粒子可能透過無向量波（Scalar Wave）天線來發送訊息。

Radionics = 放射粒子
Scalar Wave = 無向量波

無向量波特性為無指向性，無任何物質可以阻擋，且能穿越時空。

Ayurveda譯為《阿育吠陀》或《阿蘇吠陀》，是4000多年古印度文明中，有關生命科學的一部寶典，佛祖依此修行成無上正果。它強調人體若要健康美麗、長命百歲，三脈七輪就須淨化與暢通。其中的三脈就是大便、小便和汗腺，七輪就是海底輪、臍輪、太陽神經叢輪、心輪、喉輪、眉心輪、頂輪。而頂輪若開，人便能開悟放下，與宇宙大磁場接軌，天人合一，證仙成佛。

約400年前，瑞士的醫生巴拉賽爾士（Paracelsus，1943年至1541年）就有這句話：「所有的物質都是毒物，沒有一種不是。只要劑量正確，就可以把毒物變成仙丹。」

放射粒子這個詞是在西元1930年形成，主要源自於輻射和粒子這兩個字，這個詞理應描述了形式，以及當時儀器探針發送與收到的能量。

Radiesthesia曾經是一種假設的理論，它認為人及所有的生物，在其周遭都會發射放出一種微妙、輕柔的氣體或流質，肉眼看不見，但卻可以被探測棒（Dowsing Rod）、靈擺（Pendulum）等所探測到。後來，此種理論已經被克里安照相機及氣場分析儀所證實。以今天的技術標準，放射粒子設備最好被想成來自遙感測力和電子兩個名詞，因為現在的儀器可用來平衡訊息、物質形態場，且特別開發的儀器可用於加強操作者的直覺，因為放射粒子學對這些較高的心理和精神力量特別有用。

（column.01） 放射粒子學的起源：亞伯特艾布拉姆斯博士

放射粒子學的起源可以追溯到亞伯特艾布拉姆斯博士（Albert Abrams，1863年至1924年），他是加州史丹福大學病理學教授、醫學部主任，也是舊金山內外科醫學會主席。他最早在舊金山讀書，但年齡太小，無法得到文憑。之後，他到德國讀書，並就讀於海德堡大學，他以「最優秀畢業生」榮譽畢業。因此，他在歐洲許多地方做研究，並花時間與許多知名醫生和研究人員合作。他返回美國後，很有規模地開業，且很快就眾所周知。

放射粒子學的重要一步，來自其中的一個「奇怪的巧合」。有個中年人的嘴唇長了一個像癌的腫瘤，艾布拉姆斯使用當時的正常方法：叩診病人的腹部。然後，他聽到病人的肚臍上方一種奇怪的沉悶空心「重擊」聲。

引起艾布拉姆斯注意的有趣部分是，這僅發生在病人面朝西方時，而其他位置，包括躺下都是完全正常的。於是，他開始檢查其他疾病的病人，並找到了每一種疾病在腹部發出聲音的具體位置。做更多研究後，他制定了疾病模式的叩診地圖。最重要的是，病人必須面朝西方（CRP的面向西方），且音調的變化端賴於一個臨界旋轉點。

艾布拉姆斯的有些學生很難測得這種聲音，所以他發展出一種在病人腹部摩擦玻璃棒的方法，繼而在這個區域感受到「沾黏效應」，他會聽到沉悶的音調。這「沾黏效應」至今仍被用於現代放射粒子儀器。

艾布拉姆斯在此發現中看到了診斷學的突破，他看到這種效果的基礎，是來自正常震動的一個原子偏差，後來他稱之為ERA（艾布拉姆斯電子反應，Electronic Reaction of Abrams），而ERA方法，就是後來放射粒子學的開端。

然後，他又向前邁進了一大步。他認為當改變的原子和因此改變的分子振動，從身體被發送出去，應該能夠導致對外部的影響。

他採樣一個患病的組織，放進一個小容器，然後把它放在一個健康者的頭旁邊。他的假設得到了證實：「此人和具該疾病的人有相同的診斷性反應，縱使此人完全健康。」

下一步是有邏輯性的推導：「如果這個發射體具有電子的性質，它們應該可以用電線進行傳輸。」他將電線的一端電極連接到受測者的額頭，另一端電極在分隔牆的後面，連接到病變組織放置處。艾布拉姆斯測試時，他的同事會把電極懸空（不接觸病變組織）或連接到病變組織，讓艾布拉姆斯在完全不知任何特定時間的狀況下進行測試（盲目測試）。

同樣的假設得到了驗證：「當電極懸空時，沒有檢測反應出現；當電極接觸病變組織，健康的受測者會出現與真正疾病患者同樣的檢測結果。」他繼續研究各種類型的病變組織，發現健康者的反應與叩診地圖一致。

使用病人的血液也有同樣的結果，這樣就可以提供一個診斷參考：「唯一需要的是病人的血液，病人再也不必在現場等待。」而血液樣本及其他物質訊息載體，例如：唾液、尿液、頭髮、指甲等，至今仍被使用在放射粒子的分析。

這項研究帶來另一個有趣的影響：「如果他將治療瘧疾的奎寧，連接到健康的受測者，還有瘧疾患者的血液，瘧疾患者腹部的共振聲會消失。」當時用傳統的方法無法找到任何對策，他卻能針對不同的疾病，用此方法找到有效的對策。

全方面的ERA方法仍然不足，一些疾病的模式在腹部有相同的發聲

位置，有同樣的共鳴聲或「沾黏」感。例如：癌症與梅毒有相同的聲音，且發聲位置在同一位置，因此無法分辨。艾布拉姆斯先前的實驗顯示，疾病在電氣連接時，其原子結構在身體內造成了改變。使用電氣方法能夠影響，進而產生現象，很符合邏輯。

　　起初，他試圖在受測者和血液樣本之間加入電阻，但發現這只阻止了訊號通過，經過多次試驗，他還是發現了一個獨特的差異。例如：當他設定電阻在 50 歐姆時，癌症的聲音會再次出現，但梅毒沒有；而梅毒的聲音能出現的 55 歐姆，則能阻止癌症信號的判讀。

　　這是絕對性的突破，用一個普通的電阻盒連接在血液樣本和受測病人的中間，就能夠調整頻率，並區別疾病。用他的「Reflexophone」，高度精確的儀器與精密電阻，他便能衡量疾病。輸入數值到叩診地圖後，他發現血液樣本放在電容器板子之間，增加了敲叩的效果，他把這稱作「dynamizer」。

　　但是還缺了些東西，診斷是完整的，但仍缺治療。從他的實驗裡，有兩項觀察開啟了他尋找缺失連結的行動。首先，對策裡的振動，像奎寧，能夠抵消疾病敲打振動的影響。其次，地球磁場有類似的結果，因為病人只有在面對西方才有敲打振動作用，其他方向都沒有叩診效果。

　　這將實驗導向電磁脈衝，加上一個有才華的發明者，山繆霍夫曼（Samuel Hoffmann）經過多次嘗試，開發出「Oscilloclast」，第一台放射粒子治療機。Oscilloclast 放出 200Hz 的微弱無線電信號頻率，而病人就在迴路裏。

　　有了 Oscilloclast 和 Reflexophone 的發展，我們現在有了一個完整的放射粒子工具，而治療時間通常是 1 小時。

　　ERA 方法，至此已經很完美，他教授予許多學生和同事多年。大概在這時，洛克菲勒（Rockefellers）大量投資製藥公司，因此他積極設法把電子醫學納入不可信和不可思議的領域，於是一個簡單的電阻盒被神化為

一個「魔術盒」，並產生巨大的恐懼蔓延到整個醫療機構，導致此時放射粒子學被歸類成荒謬和可笑。

艾布拉姆斯在1924年突然去世，結束了他努力不懈的研究生涯。幸運地，這些關於他的研究，再次被其他研究人員給延續下來！

column.02　儀器初步改變：柯蒂斯阿普頓

愛迪生（Thomas Edison）同事的兒子，柯蒂斯阿普頓（Curtis P. Upton）認為，假如艾布拉姆斯的基本理論正確，ERA的方法應該可以用在所有的生物。他當時在找應用於植物上的方法，為了此目的，他修改了艾布拉姆斯的儀器。

阿普頓開發的儀器，無線電頻率比艾布拉姆斯設備更高，並用了兩個加強器（dynamizers）進去。它被稱為U.K.A.C.O.儀器，以阿普頓和他同事的名字命名，後來他們成立了一家公司。他的工作一直持續到60年代，不只是單一植物，也包括整片田野的植物。他們大多時候使用整片領域的空拍照片來處理。時至今日，德國和其他歐洲國家的大型公園和森林，仍採用放射粒子平衡。平衡的部分是使用照片作為樣本，稱之為放射粒子學。

column.03　放射粒子學的領導者：露絲德朗

有一個女人與放射粒子學密不可分，她就是露絲德朗（Ruth Drown）。她是個按摩師，接觸到放射粒子學時，還算是相當年輕的女子。據說，她曾在艾布拉姆斯的診所工作，是一個非常有直覺力的人，而且主要是跟著靈感走。

根據報導，露絲德朗（Ruth Drown）是第一個使用「沾黏板」取代用在腹部的玻璃棒的人。該「沾黏板」是一塊延展的薄橡膠上的一個小金屬板。如果率值（電阻）正確，人在板上會有某種「黏住」的反應，就像在

腹部用玻璃棒摩擦一樣。關於放射粒子，露絲德朗有一個和艾布拉姆斯非常不同的理論。她的理論是，人類有自己的生命能量，只是被疾病的模式所改變了。她在病人和放射粒子設備之間設立一個迴路，並在儀器設置一個合適的「率值」，藉此糾正源自疾病的錯誤訊息。

而德國的 Mora 量子儀器（量子儀器是現代人對放射粒子儀器的稱呼）使用非常相似的反相回饋，去平衡波動訊息場時，這與放射粒子不太一樣。在類似這種反饋平衡的技術領域中，露絲德朗遙遙領先，因為德國的 Mora 量子儀器尚沒有使用無向量場域的技術。

她的想法甚至更進一步，她認為上述的生命能量呈現於每一個人身上，並保持每個獨立個體全部的訊息內容。透過大衛波姆（David Bohm）和其他人，使用全息攝影的過程作為象徵來理解生命，而量子物理開始應證這種想法。

在她的時代，她又是遠遠領先的先鋒，她認為使用人的一部分，例如：頭髮、血液等，並把它放進測量和等化（反向回饋）的迴路中是可能的。因為這個想法，她進行了所謂的電波治療，也是她的第一個遠距治療。

她的儀器是一個高度修改後的艾布拉姆斯設備，她有九個設定。有了這個裝置，她發展出相當多的率值（Rates）。她還使用顏色，設計出可調整及展現不同顏色頻率的獨立旋鈕，該儀器的名稱是「Homo Vibra Ray」，代表人類與生命能量的關係。她工作中的一大重點是放射粒子攝影的發展，她稱之為「電波視覺」。她能遠距拍攝病人的器官，後來這個工作被喬治德拉瓦爾（George De La Warr）推廣開來。

第二次世界大戰前，露絲德朗曾前往英國，主要是為了訓練許多有興趣的醫生使用放射粒子學工具。隨著她工作的成功，不僅交了朋友，也有很多人開始忌妒。傳統的醫生有了FDA的幫助，想要切斷「放射粒子的領導者」——露絲德朗，他們真的成功了。她被關進監獄，羈押期間，他們摧毀了她的許多工具。她獲釋後是一個破產的女子，不久後中風身亡。

放射粒子學發展的尾聲

　　托馬斯蓋倫希羅尼穆斯（Thomas Galen Hieronymus）是與艾布拉姆斯有關的研究路上，另一個非常重要的先驅。他是一個放射粒子技術人員，開發出在電子腔增幅器中增加棱鏡的儀器。在 1949 年 9 月 27 日，他以「物質結構內材料的偵測與數量測量」為標題，取得美國專利 Nr. 2.482773。該儀器變得非常流行，因為很多有興趣的人可以寫信到美國專利辦公室，取得影本，建立這一裝置，看看是否能用，而它真的可行！

　　艾布拉姆斯的論文表示這些是電力振動，最終失敗了，因為顯然儀器開啟與否都有效；露絲德朗還建置沒有電源供應的設備，因為她說病人的生命能量被用來作為動力來源，但由於放射粒子有效力的問題，它再次陷入爭議。

　　放射粒子學決定性的步伐，終於在英國被建立，至今仍是高等文化之放射粒子學。由於第二次世界大戰期間對出口限制，沒有放射粒子儀器能夠從美國進口。一個英國工程師喬治德拉瓦爾（George De La Warr），動手創造一個叫「德朗」的設備，這開啟放射粒子工具的最大發展。當喬治不眠不休進一步研究，他的妻子瑪格麗（Margorie）進行了一個更成功的放射粒子操作，再加上其他兩個放射粒子狂熱者，利奧科爾特（Leo Corte）和史蒂文斯（Stevens）先生，他們建立德拉瓦爾（De La Warr）實驗室，至今仍被視為是放射粒子的世界中心。

2 奇怪的巧合
SECTION

　　德拉瓦爾這個研發團隊，認為在「率值」（Rates）上好好研究非常重要，因此編錄大量的率值。與其他病理學家配合後，他們開發了四千個「率值」，至今仍在使用。由於設備電源似乎開與關都能運作，「率值」便沒有被視為電阻測量，而是一個系列的代號或鑰匙，能與身體不同的器官和功能對話。

德拉瓦爾有介於「結點陣」之間的理論，他說：「它們經歷了某種能量交換。」德拉瓦爾的理論是被伯爾（Burr）的生命場理論所激發。Life-fields 在今天會被人們視為零點能量，或無向量能量形態發生場的訊息載體。在德拉瓦爾實驗室，許多設備被開發、改善和標準化，以創造更詳細和複雜的「率值」（Rates），在此時已經增加到五千種率值。而測量率值的偵測器，就是之前提的沾黏板，利用黏住的感覺來正確使用恰當的率值。

德拉瓦爾夫婦還開發了放射粒子相機，即「德拉瓦爾相機」。指示見證者到（C.R.P.）之後可以拍出當時最好的內部器官照片。該相機於1955年獲得法國專利 Nr. 1.084.318（還有其他德拉瓦爾儀器在英國取得專利）。德朗和德拉瓦爾的放射粒子相機有幾點不同，但相同的一點是，只能是某些人操作，才能獲得有價值的照片。相機如要正常運作，某種程度的心理能力是必要的條件。在那段時間的運作中，德拉瓦爾相機取得超過一萬張圖片。

在西元1960年2月27日，首個放射電子學會由十一個從業人員成立，包括德拉瓦爾夫婦；放射粒子有限公司現在有超過五百名成員，這都是專業放射粒子從業人員，他們有放射粒子學證照的正式起始日期，且該項培訓須花費3年時間學習。

也就在1960年，德拉瓦爾收到詐欺傳票，因為一個放射粒子儀器買家無法使用它，於是買家認為放射粒子是假科學，所以這一案件提交法院審理。此案件的審判與露絲德朗不同，除了有些醫生看到放射粒子有機會「啟動」，以及大量支持者的人數超過了控訴罪行的人數。此外，公眾以極大的興趣注意著，最後德拉瓦爾終於贏了官司。另一方面，這場官司也將他們帶到破產的邊緣，因為他們必須自己承擔打官司的花費，理由是向法院提告此案的買家，最後太窮，付不起訴訟費用。

這個經歷過程，從正面來看，是現在放射粒子學已在英國被確立，不需要有進一步的成功證明。喬治德拉瓦爾在1969年去世，接著由瑪格麗帶領這個實驗室直到她1985年去世。後來，利奧科爾特繼續他們的工作，然後轉給德拉瓦爾的女兒黛安，並仍然繼續運作至今。

整個歐洲的放射粒子從業人員已經聯合起來，想要使公眾更了解放射粒子學。在英國、義大利、德國和西班牙皆有放射粒子的相關社團組織。

英國放射粒子界的三個重要的名字是大衛坦斯利（David Tansley）、布魯斯科彭（Bruce Copen），和馬科姆雷（Malcolm Rae）。

代表人物	說明
大衛坦斯利	他開發的放射粒子新概念，被東方哲學的概念影響。因此，他對放射粒子社群有很大的影響力，並提升放射粒子到生命精微領域，例如：納入精微能量的查克拉能量中心（脈輪）。
布魯斯科彭	他提供了目前範圍廣泛的放射粒子設備，並稱之為「放射粒子電腦」，雖然它們和今天所謂的電腦完全無關。
馬科姆雷	他走了放射粒子另一條不同的道路，他用靈擺取代「沾黏板」，類似坦斯利沒有把「率值」（Rates）當作數字，而是用幾何形式。他覺得，人們可以更準確地使用幾何圖形表達想法，而不是數字「率值」。根據今天的科學理解，他強烈地將右腦應用含括入他的工作。對他來說，「率值」透過照片體現，然後校正或調整儀器進行分析和等化。幾何圖像主要目的是用於使同類療法物質產生有效的勢能，因此他稱之為「同類藥方模擬卡」。這方面的「展現思想」看法可以完全解釋為什麼希羅尼穆斯（Hieronymus）儀器可以不插電運作。 這種幾何「率值」的方法，開啟了另一條放射粒子儀器的道路，稱為佩戈蒂板。它被證明是有效的，例如：在脊柱和肌肉組織方面。要先設定「率值」，栓子被移動到像一個可以插木栓的板子上，有了這些栓子在 12×10 栓孔的方格裡，他們被依一個特定的模式放置，這就代表幾何「率值」。

SE-5與Q.S.E.的關連與演化

SECTION 3

column.01　SE-5及SE-5+本質訊息場分析儀的產生

　　關於放射粒子學說，由美國的艾布拉姆斯博士（Dr. Abrams）開始發展後，中間經過許多風風雨雨，最終由同樣是美國的威拉德法蘭克博士（Dr. Willard Frank）接手繼續發展，且進入一個新的領域。威拉德法蘭克博士是一位物理學家、電子工程師和發明家。他在西元1986年發展出完全電腦化的放射電子儀器，名稱為「SE-5本質訊息場分析儀」，並在西元1998年更新儀器為SE-5+。這部SE-5+不是單純放射粒子的工具，它的本質訊息場（IDF）分析和等化（反饋修正）功能廣為周知。理解這些現象的人，非常熱情地接受且運用這部全新的儀器，放射粒子的運用面向也戲劇性地改變了。SE-5+不是用在傳統意義上的醫學，而且差距不斷擴大。由於該儀器多方面適用，現在已用在採礦、農業、商業、中國風水堪輿等，新的使用領域每天繼續不斷增加中。

　　有了德拉瓦爾、德朗和科彭的儀器為參考，SE-5+用「沾黏板」作為探測器。這不是一般的橡膠膜，而是一塊幾何設計的薄電路板材料，底下有無向量波天線（Scalar Wave）可以微調，以及增幅放大器，可用來處理「本質訊息場」（IDF）的無向量波訊息。

　　透過使用電腦，旋鈕不一定要轉到相同的「率值」，而是可以輕鬆地把它們輸入儀器上的迷你型電腦（Sharp廠出品），且使用更簡單的分析方法，找到「率值」的時間大大減少。目前可用「率值」的數量已經超過一萬八千個以上（Q.S.E.系統則已經超過二萬個以上）。

column.02　量子空間等化儀的出現

　　威拉德法蘭克博士（Dr. Willard Frank）過世後，由團隊成員之一的Don Paris博士接手整個計畫，且已於西元2009年推出一款最新、更先進的SE-5

1000。繼 SE-5 1000 後，由華裔加拿大人 Jim Lin 博士修改及增強原 SE-5 1000 多項功能，除了功能增加，也改良了操作方法（不再如 SE-5 1000 那般艱澀難懂）。且為了方便亞洲的推廣，在亞洲的英文名稱為 Quantum Space Equalizer（Q.S.E.），中文名稱為量子空間等化儀。

西元 2011 年 6 月，由台灣的鈦生量子科技有限公司將原來的 Q.S.E. 1000 型，正式升級改良為 Q.S.E. 3000 型，此型除了具有原先 Q.S.E. 1000 型的所有功能外，更新增了許多的新功能程式（也不再使用美國所設計的軟體，而是由台灣獨立研發的軟體）。

發展至今，Q.S.E. 具有比原來 SE-5 更強大的功能（SE-5 與 Q.S.E. 間的系統並不相容）。

另外，相關名詞解釋：「粒子」英文是 Particle，它與原子、電子、中子都無關，只是假設性的一種說法。主要是可以方便描述物理現象，不論原子、電子、中子或質子等，都可用 Particle 這個名詞來描述其行為。

以美國 SE-5 為核心的 Q.S.E. 發展

SE-5 是由法蘭克博士所帶領的研發團隊經過多年的研究，開發出來的第五代微量能場檢測儀器，因此最早取名為 SE-5（1988 年）。

這部 SE-5 很快成為研究微量能場人員在波動醫療領域中的標準必備儀器。

後來 SE-5 陸續經過多次改良及升級內部的電腦微晶片，並加強了幾何圖案標記的功能，就是後來改稱為 SE-5 Plus 的儀器（1995 年）。

法蘭克博士過世後，由團隊中的Don Paris博士接手整個研發的項目及團隊，Don Paris博士帶領原研發團隊將原來的SE-5進行全面的改良及設計，花了1年時間，終於開發出目前令人激賞的量子空間等化儀Q.S.E. 1000型。

　　透過整體精密微電腦電路的重新更改設計，Don Paris博士實現了當初法蘭克博士計畫新一代SE-5的全部功能，結合Don Paris博士在研發改良過程中，原SE-5用戶的所有建議事項，都一一在這部量子空間等化儀Q.S.E. 1000型展現出來，Don Paris博士完成了同類型儀器中最先進的一部量子級珍品。

　　由於Q.S.E.系統的發展太過快速，Don Paris博士要求Jim Lin博士獨立研發新的儀器，Don Paris博士則提供相關的代工製作。

　　經過Jim Lin博士1年的研究及發展，Q.S.E. 3000型終於在鈦生量子科技有限公司的努力下成功面市，它擁有比原來Q.S.E. 1000型更多的功能及程式（Q.S.E. 3000型功能比SE-5強大許多，且兩者不相容）。

　　量子空間等化儀（Q.S.E.）是一部前後超過40年研發史的先進儀器，透過不斷的改良及適應，堪稱是當今使用上最簡便（不需電腦就能獨立操作），且功能最完整的一部量子級儀器。

　　如果你是剛接觸微量能場系統的朋友，這部量子空間等化儀（Q.S.E. 3000型），提供了先進的解決方案，確實能符合你的研究需求。

　　Q.S.E. 3000型提供一個極盡完美的介面，讓你接觸生物能量訊息場。微量能場及生物訊息場是在研究放射粒子學（Radionics）時經常被應用的兩項。此外，不管是小企業還是一般的家庭用戶，想擁有專業的儀器時，Q.S.E.簡易了解及使用的方便性，無異是你最佳的選擇。

許多所謂的放射粒子學和微量能場的研究觀測系統，隨隨便便就須花費數10萬美元。一般來講，這些系統都非常複雜，因此須再花費數千美元參加相關的訓練課程。

　　量子空間等化儀Q.S.E. 3000型在台灣售價以低於200萬台幣的價格（需加上關稅及運費等相關費用），以及內含有足夠的基本訓練（包括DVD影片及「現場輔導」），能使你立即成為領域專家。課程大致有影片形式、訓練課程、研討會幾種，但不是每位都需要。

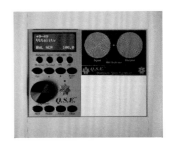

　　關於Q.S.E.的命名與起源，請參考：量子空間等化儀研發過程（P.34）。

　　Q.S.E. 1000型（SE-5 1000 ／ SE-5 2000）現在統稱為美國原型機。Q.S.E.的美國軟體可用在Q.S.E. 1000型或SE-5 2000上面，但是無法擁有Q.S.E. 3000型軟體所帶來的眾多優異功能。

5
SECTION

Quantum Space Equalizer（Q.S.E.）規格表

重點規格比較	Q.S.E. 3000型專業版軟體	Q.S.E. 1000型／SE-5 2000
儀器硬體功能差異	全自動／手動雙模式。	僅能手動。
儀器一般功能差異	儀器軟體基礎操作功能。	僅能使用美國版儀器軟體。

（註：儀器一般功能差異：客戶管理、自動掃描、療程建立、療程管理、載體輸出、淨化功能、訊息複製、搜尋功能、自然語言建立與管理、程式執行、療程執行、療程管理、檢測報告。）

無向量波發射強度 （Scalar Wave）	額外增加1.3倍。	標準強度。
主頁功能差異	程式輸出。	無。

重點規格比較	Q.S.E. 3000型專業版軟體	Q.S.E. 1000型／SE-5 2000
主頁功能差異	全息掃描。	無。
自動檢測功能差異	自動檢測。	無。
	療程檢測。	無。
	程式掃描。	無。
	優化掃描。	無。
	問題檢測。	無。
	轉入新療程。	無。
	轉入現有療程。	無。
	全資料庫細節掃描。	無。
物件掃描功能差異	可將任何事物掃描至儀器數據庫內，方便以後使用。	無。
載體輸出差異	載體保護。	無。
	封印功能。	無。
載體處理差異	載體保護。	無。
療程處理差異	優化療程。	無法使用。
	載體輸出。	無法使用。
程式庫差異	性靈檢測方面。	無法使用。
	業力處理系統（深入）。	無法使用。
	快樂花精–羅伊、馬汀納。	無法使用。
	特殊應用程式。	無法使用。
優化資料庫差異	自閉症兒童處理（1）。	無法使用。
	自閉症兒童處理（2）。	無法使用。

自閉症兒童處理（3）。	無法使用。
自閉症兒童處理（4）。	無法使用。
自閉症兒童處理（5）。	無法使用。
潛在輻射汙染移除。	無法使用。
生物微電流紊亂。	無法使用。
環境空氣霧霾淨化。	無法使用。
蚊子控制。	無法使用。
異味處理。	無法使用。
急性皮膚過敏。	無法使用。
補充氧氣。	無法使用。
補充維生素 C。	無法使用。
補充維生素 B 群。	無法使用。
補充綜合維生素。	無法使用。
移除基改食物特性。	無法使用。
移除食物中人工添加物。	無法使用。
A 型血－食物毒性移除。	無法使用。
B 型血－食物毒性移除。	無法使用。
O 型血－食物毒性移除。	無法使用。
AB 型血－食物毒性移除。	無法使用。
呼吸中止症。	無法使用。
肋骨的骨折。	無法使用。
脊椎骨的骨折。	無法使用。
手骨的骨折。	無法使用。
腿骨的骨折。	無法使用。

優化資料庫差異

	手指骨的骨折。	無法使用。
	腳趾骨的骨折。	無法使用。
	肩頸部痛（中西醫混合）。	無法使用。
	導致電器失常或損壞。	無法使用。
	人類染色體檢測與治療。	無法使用。
	脂肪肝。	無法使用。
	中風後遺症（單側行動不良）。	無法使用。
	尿毒症。	無法使用。
	癲癇症。	無法使用。
	巴金森氏症。	無法使用。
	多發性硬化症。	無法使用。
優化資料庫差異	一般性病毒移除。	無法使用。
	人類乳突病毒處理，HPV。	無法使用。
	白斑。	無法使用。
	銀屑病。	無法使用。
	蚊子叮咬結界器。	無法使用。
	乳癌。	無法使用。
	乳腺癌。	無法使用。
	肺癌。	無法使用。
	肝硬化。	無法使用。
	肝癌。	無法使用。
	胰腺癌。	無法使用。

胃癌。	無法使用。
直腸癌。	無法使用。
攝護腺癌（前列腺癌）。	無法使用。
眼疾。	無法使用。
提神飲料一。	無法使用。
提神飲料二。	無法使用。
提神飲料三。	無法使用。
補鈣。	無法使用。
補葡萄糖胺。	無法使用。
皮膚美白用。	無法使用。
中藥材：北冬蟲夏草。	無法使用。
重金屬移除作業。	無法使用。
外靈干擾。	無法使用。
封閉靈光場。	無法使用。
宇宙藏經閣。	無法使用。
業力干擾移除（深層）。	無法使用。
五鬼處理。	無法使用。
開悟必備。	無法使用。
食光辟穀。	無法使用。
養生專用。	無法使用。
產婦乳汁不足。	無法使用。
男性生殖器變大。	無法使用。
女性陰道變緊。	無法使用。
女性乳頭顏色變淡。	無法使用。

優化資料庫差異

重點規格比較	Q.S.E. 3000型專業版軟體	Q.S.E. 1000型／ SE-5 2000
	女性乳暈顏色變淡。	無法使用。
	女性乳頭變小。	無法使用。
	男性提高性能力。	無法使用。
	女性提高性慾。	無法使用。
	男性生殖器堅挺。	無法使用。
	量子童顏針。	無法使用。
	無齡（Spot Remover）。	無法使用。
	撫紋（Wrinkles）。	無法使用。
	粉瘤移除。	無法使用。
	塑身（Body Slim）。	無法使用。
	美甲（Nail Health）。	無法使用。
優化資料庫差異	白髮。	無法使用。
	脫髮。	無法使用。
	量子植髮。	無法使用。
	牙齒美白。	無法使用。
	打通中脈（脈輪系統）。	無法使用。
	進階脊椎校正。	無法使用。
	足弓矯正。	無法使用。
	極致脊椎校正。	無法使用。
	胸椎校正。	無法使用。
	骨盆腔校正 （坐骨神經痛）。	無法使用。
	颱風處理。	無法使用。

	人類染色體檢測與治療系統。	無法使用。
	NMN 回春系統。	無法使用。
	調整 DNA 到 17 歲。	無法使用。
	調整 DNA 到 20 歲。	無法使用。
優化資料庫差異	調整 DNA 到 30 歲。	無法使用。
	調整 DNA 到 40 歲。	無法使用。
	GDF-11 回春蛋白質。	無法使用。
	促進生意經營順利。	無法使用。
	提高運勢。	無法使用。
	風水地理調整。	無法使用。
雲端功能差異	完整個人雲。	無法使用。
	雲端療程銷售。	無法使用。

量子空間等化儀研發過程

The Development Process of Quantum Space Equalizer

引入台灣第一步

　　我會回台灣，只單純為了一件事，就是在亞洲製造與推廣鈦博士產品。經過多年推廣後，我覺得市場接受差不多了，就開始退居幕後，準備再次退休！

　　有次在網路上閒逛，逛到有一部很便宜的量子儀器（一般量子儀器都是台幣百萬起跳），價格還不到台幣十萬？這麼便宜，可不可能是假的？是的，我有想過這件事！但我還是刷了卡，買了一部回來。

　　試玩了約一週，竟然都不會動？看了全部的英文文件，都沒有提到儀器啟動後，要怎麼讓儀器去自動檢測？最後，我的結論是，我被騙了！於是我很火大地寫了一封英文信去罵人，對方很快就回覆，大意是我不會操作？

　　這讓我更火大，是說我無知的意思嗎？我就又再發了一封信去罵！而對方也回了，問我有沒有Skype？對方想用Skype教我怎麼操作。

　　美國方用Skype教了我約1小時左右，我好像有那麼一點點感覺，之後又練了約兩週，勉強可以操作儀器了。原來，美國這部儀器是手動的，根本不能稱為儀器，只是有一個量子相關的資料庫，然後利用人體的共振與資料庫內的項目，進行手動檢測。

　　搞了約兩個月後，慢慢可以透過人體共振，測出一些東西。於是我問美國方，可以當你的經銷商嗎？因此我就開始推廣這個很奇怪的儀器，在短短的三個月內，我把美國半年的庫存全部賣光了！因此，美國方才開始對我另眼相待，只不過是看在錢的份上⋯⋯。

2 改個亞洲人容易記的名字

由於原來的儀器名稱是英文及數字，對亞洲人來講，很難記住。因此我想幫此儀器取中文名字，以方便在亞洲推廣。

經過與美國方溝通，美國方一開始持反對態度，主要原因是此儀器當時已有27年歷史（目前已經約40年），怎麼可以一到台灣後就變了名字呢（是呀，這也有道理）？

後來，由於我的儀器銷售業績很好，因此美國方變得比較好講話，經過再三的溝通，初步敲定了一個英文名：Quantum Space Equalizer，並請美國方就此基礎再進行一些變化（總要尊重人家一下），然後再透過儀器檢驗，看看哪一個名字比較好（驗活力度）？下表為美國方進行檢驗的變化及數值（驗活力度）。

儀器全名	簡稱	檢驗值
Holographic Space Equalizer	H.S.E.	73%
Quantum Space Equalizer	Q.S.E.	89%
Quantum Space Maximizer	Q.S.M.	15%
Quantum Space Harmonizer	Q.S.H.	29%
Holographic Space Harmonizer	H.S.H.	71%
Holographic Space Maximizer	H.S.M.	79%

驗完後，很明顯還是我取的名字讀值最高，而美國方開始接受這似乎是一個不錯的名字了。

美國方認為89%已經很高了，但我覺得取名字就是要好名字，連90%都還沒到，我不太能接受！於是我從台灣這邊發一下功後，請美國方再試試看，而美國方很訝異地回覆，已經提高到94.5%。

既然發功有用，我就正式啟動這個名字，且我同時啟動三個名字，一個是Quantum Space Equalizer，一個是英文字的縮寫Q.S.E.，另外一個是中文名稱「量子空間等化儀」。因為美國方看不懂中文，也無法處理中文，所以我在台灣將以上三個名字做成圖形檔，然後請美國方印出來後，再裁成三段分開來檢驗。

最後美國方回報的檢驗值如下。

儀器名稱	檢驗值
Q.S.E.	97.2%
Quantum Space Equalizer	96.6%
量子空間等化儀	100%

美國方立即發了一封E-Mail過來，想要馬上與我通話（因為他們沒遇過這樣的現象）。總算與美國的Don Paris博士通上電話（之前只用Skype講），用電話來講，感覺有生命多了。Don Paris博士打此電話的原因，是應太座的要求（後來才知道，原來他妻子有類似的感應能力，就是亞洲習稱的特異功能），想了解我是如何做到的？

我大概與他解說發功及啟動名字的一些原理（其實我只能胡扯一通），他才滿意地掛上電話。因為文化上的差異，很難用英文去解釋什麼叫開光、點眼這類的儀式！

從此之後，量子空間等化儀就是官方的中文儀器名稱了，幾個月後，Q.S.E. 1000型更進一步升級為Q.S.E. 3000型。

隨著我的全力推廣（非兼職），量子空間等化儀開始默默地耕耘這個全新的市場，再加上我的職業潔癖，開始對美國的原型機進行一些硬體、軟體的修改建議，但也就是從此開始，美國方開始陷入一片愁雲慘霧中。為什麼呢？因為儀器市場很小，所以研發者不太可能投入太多資源進去，都是慢慢投入，慢慢修改。有些儀器廠商因為有資金，會一次性設計到位，然後就很少會針對硬體進行修改，頂多就是軟體與資料庫的修改與新增。

　　但美國方的儀器原廠，因為我的要求，就必須要投入相當的資金來應對，這對於美國方是一種很大的資金壓力。當然，在商言商，美國方可以不理我，但我的訂單又是最大的，這也是愁雲慘霧的開始，過了約半年左右，美國方問我是否想自己開發儀器？

　　我問：「為什麼？」
　　他說：「因為他的工程團隊很多人都不想做了，搞得他公司快倒了！」
　　我說：「這跟我有關嗎？」
　　他說：「因為你要求的修改，大部分工程團隊都不太認同。」

　　講到這邊，我就很無言，因為文化上的不同，美國方認為可以用就好了？但我認為不行！而在工程團隊的心裡，也許就認為我是故意找麻煩（我很無辜，變成奧客）。

　　是的，在幾次的電子郵件溝通中，發生了幾次的爭執。

　　美國方的軟體工程人員，認為提出這要求的人，不懂軟體設計，但好巧不巧的是，我就是一位資深的軟體工程師；美國方的硬體工程人員，認為提出這要求的人，不懂硬體設計，但更巧的是，我就是一位資深的硬體工程師。因此，我的看法就是，美國方這些工程人員都能力不足。

　　後來我接受美國方的建議，自創品牌，開始設計自己的儀器、軟體，美國方就只單純幫我進行硬體代工而已（依照我的要求，進行硬體、軟體的修改）。大家都知道，亞洲是北美廠商的代工廠，美國本身幾乎什麼都沒做，都是亞洲做的。現在要找 Made in USA 的產品，比登天還難（主要是成本高）。

而我就這樣莫名其妙變成量子儀器製造商，而美國成為我的代工廠。因此，有些朋友戲稱我是台灣之光，能讓美國幫我代工製造產品（其實就是犯傻，付出高昂的代價）？但其實我也不願意呀！因為我30歲不到，就已經退休了，現在竟然因為量子儀器而重出江湖。

面臨所有儀器商一樣的問題

　　儀器商需要面對的問題，不外乎就是下面幾項。

① 足夠供比對的資料庫內容。

② 檢測的邏輯。

③ 精準度。

④ 行銷。

⑤ 相關培訓與服務。

　　針對第一點，我的問題不大！因為我承襲了美國儀器原來的資料庫為基礎（27年所累積下來的珍貴資料庫），只需要再加入一些亞洲區需要的項目即可。

　　第二點，需要花點時間，但是問題應該也不大。

　　第三點，是有點傻眼，因為除了承襲美國的資料庫外，也承襲了手動檢測的部分，因此這部儀器根本就不可能有自動檢測功能。要測什麼都需要有人手動檢測，每測一個都得花不少時間，這簡直就是夢魘。

　　關於這點，在我正式接下開發工作前，就有跟美國溝通過，為何這部儀器不能自動檢測？而市面上的儀器都可以自動檢測，並且檢測速度很快？

　　美國方回答：「那些儀器並沒有真正進行檢測，而是使用一種亂數產生器（Random Number Generator）的模擬方式，配合客戶個人資料（Profile）與統計學，去資料庫中製造出一份報告。」

因為沒有真的檢測，而是利用統計學原理，推算出這個年齡的人，可能會出現哪類的問題較多，透過程式去資料庫撈資料出來，再利用亂數隨機去同類資料中抓一筆出來，所以這類的儀器都沒辦法出一份精準的報告，而只能出一份很籠統的報告，讓客戶自己對號入座，且需要一位解說員在旁敲邊鼓。美國方認為這種方式是欺騙客戶，因此一直維持手動檢測，且認為自動檢測功能不可能設計得出來。

而我滿接受與認同美國方的說法，因此只能硬著頭皮繼續做下去。至於外面的量子儀器是不是像美國方所說的狀況，只要測三次就可以知道。

第一次，輸入正確的個人資料（姓名、性別、出生年月日），並進行某固定範圍的檢測。

第二次，修改個人資料（姓名、性別、出生年月日），重點是性別（如果原來是男，現在改成女，依此類推），以及出生年月日（年齡改小，改成未成年），然後進行同樣固定範圍的檢測。

第三次，改回正確的個人資料（姓名、性別、出生年月日），然後再進行同樣固定範圍的檢測。

你會發現，受測者都沒有改變，只是單純修改個人資料（Profile），整個檢測報告就有了天壤之別。

目前，只有德國的一部量子儀器，其發明人在幾年前，第一次到台灣進行推廣演說時，公開表明自己就是使用亂數產生器（Random Number Generator）的技術。其他品牌的量子儀器，皆未揭露其檢測技術為何？

量子空間等化儀，自然不願意使用這類的亂數產生器（Random Number Generator）來設計自動檢測功能。因此在推廣初期，我都必須花很多時間教導儀器用戶學習沾黏板的操作（手動）。

目前，市面上手動方式有兩類，一類是音波共振（Q.R.S.採用），另一類就是量子空間等化儀使用的沾黏板共振方式。在某天，我突然靈機一動，我會

操作沾黏板，但是無法做出自動檢測的功能？那如果把我自己做到每部儀器裡呢？

這是什麼概念？有玩遊戲的人，就會知道什麼是模擬器，我們在Windows裡執行任天堂遊戲的模擬器後，就可以在Windows裡直接安裝任天堂的遊戲軟體！

而我的概念為，在儀器軟體裡內建一個模擬「我」的模擬器，軟體裡面的「我」模擬器，就能幫所有的儀器用戶檢測任何項目（就是由我代勞，但不是真的我，而只是我的模擬器）。

於是，量子空間等化儀就開始有了自動檢測功能，而且是真的檢測，不是像其他儀器並沒有真的去測。寫到這裡，我一樣面臨跟其他儀器同樣的問題，就是任何檢測都需要有比對資料，沒有資料就無法比對，而無法比對就無法檢測。

換句話說，市面上全部的儀器都是「有限的儀器」，再厲害都沒用，因為就是有限（在這階段的量子空間等化儀，也一樣是有限的儀器）！所以，這種設計邏輯無法滿足我的需求。剛接手開發的前期，我一樣陷入不斷新增、充實儀器資料庫的迷思中！

市面上的量子儀器都落於資料庫內容多寡之爭，而資料庫越龐大，就代表功能越強嗎？很明顯不是，當一部儀器只能訴求資料庫龐大，這代表了什麼？當你進入一間全世界藏書最豐富的圖書館內，會不會瞬間變成全世界最有知識的人？並不會吧！因此儀器就該做好儀器的工作，而不是想成為一間圖書館。

4 去蕪存菁，簡化數據

儀器應該是能幫忙找出最有價值的資料，而不只是單純從資料庫中篩選資料出來，因此一部儀器，最重要的是設計理念，呈現在儀器操作端就是功能的實用性如何，而不是一股腦地丟出一堆似是而非的資料，還需要儀器操作者絞盡腦汁去思考，到底答案是什麼？

量子空間等化儀是首部吻合測不準原理的量子儀器，也是讓大部分傳統儀器用戶無法適從的一部量子儀器。如果號稱量子儀器，卻違反基本的量子糾纏、測不準原理，那就是掛羊頭賣狗肉，不是嗎？

量子空間等化儀就是從這裡開始與眾不同，以下是量子空間等化儀特有的：

① 免費更新儀器操作軟體（一般一個月更新數次）。

② 免費新增、更新資料庫（一般一週更新數次）。

③ 免費儀器操作培訓。

④ 各類免費課程。

⑤ 量子雲端系統免費架接。

⑥ 量子訊息等化師認證系統。

⑦ 免費輔導產品設計、製造。

⑧ 儀器售價年年調漲（因為不斷投入大量的研發資金）。

完整的一條龍商業模式作業，讓用戶不再成為量子儀器孤兒（不管是個人、研究、商業或製造用途）。

訊息、能量、物質
間的關係

Information, Energy, and the Relationship Between Matter

量子儀器應用到的理論

量子儀器應用到的理論如下。

① 量子糾纏（Quantum Entanglement）。

② 波粒二相性（電子雙狹縫試驗）。

③ 測不準原理（因為檢測者的意識造成塌陷）。

④ 絲理論（集體意識）。

⑤ 薛丁格貓。

目前量子力學應用於物質世界約70% ～ 80%，至於在訊息世界的應用尚屬於小眾，但很有機會快速翻盤，而現今，量子儀器會用到的理論，以量子糾纏為主，測不準原理為輔。

能量的定義

在物理學中，能量是一個間接觀察到的物理量，它往往被視為某一個物理系統對其他物理系統做功的能力。由於功被定義為力作用一段距離，因此能量總是等同於沿著一定的長度阻擋大自然基本力量的能力。

一個物體所含的總能量奠基於其質量，能量如同質量般不會無中生有或無原因的消失。能量就像質量一樣，是一個標量（只有大小、沒有方向的量，或稱為純量）。

在國際單位制中，能量的單位是焦耳，但在有些領域中，會習慣使用其他單位，例如：千瓦·時和千卡，這些也是功的單位。A 系統可以藉由簡單的物質轉移將能量傳輸到 B 系統。然而，如果能量不是藉由物質轉移而傳輸能量，而是由其他方法轉移能量，這會使 B 系統產生變化，因為 A 系統對 B 系統作了功。

能量層的定義

能量，是以物質為基礎，當物質產生變化時，能量也跟著產生變化；能量層，並非以物質為基礎，當物質產生變化時，能量層並不會隨著產生任何變化。很明顯地，能量與能量層是完全不同的定義。

源頭的定義

目前已知的定義，有以下三層（以下表格中的　代表降階；▲代表升階）。

源頭	說明
訊息層	是目前已知的最高層（藍圖）。
能量層	是物質層的上一層（中間層）。
物質層	是我們最熟悉的一層（演化層）。

而我們最熟悉的是物質層，再來是能量層。而大部分的人都持續用物質或是能量的理論來看待訊息，如此一來，將永遠無法順利踏入訊息的領域。

各層的移動特性，如下一頁所示。

源頭	說明
訊息層	穿越時空，無需傳輸（藍圖）。
能量層	移動性比物質層好些（中間層）。
物質層	移動性差（演化層）。

各層的密度特性，如下。

源頭	說明
訊息層	密度無限大（在物質界無法量度）。
能量層	比物質層略高（中間層）。
物質層	低密度（幾乎是全空的）。

因為訊息與能量的特性完全不同，才需要獨立出來討論。許多量子儀器的相關從業者，甚至不清楚自己處理的是訊息，而不是能量，我觀察他們在與客戶溝通時，依然是使用能量或是頻率來稱呼，令我滿無言的。

不同的門派或理論可能會有不同的論述，不過，訊息、能量、物質這三者的關係在不同理論中都雷同（在國際上溝通也沒有任何問題）。訊息是目前的最高層（別的派別也許訊息的上面還有其他層），也就是藍圖或是業力的部分。

訊息降階後成為能量，能量降階後成為物質；物質升階成為能量，能量升階成為訊息，而Q.S.E.系統只專注在訊息層，無法處理能量層或是物質層。

5 為何沒有原子療法？

因為數量過於龐大，而且原子被許多的共價鍵固定住而成為分子，就算直接治療分子，數量一樣是相當龐大。

而在物質世界中，人體是由原子所組成，自然有大量的電子流動，人會有感受，就是神經電流所造成。人體因為內部的電子流（生物微電流）的流動，在外層自然會形成能量場。而我們從外面進行能量的干預，就能反向影響電子流的走向。

因此，只會有能量治療，而不會有原子治療，因為能量治療很簡單，而電場、磁場等等都屬於能量治療。

能量治療可以有立竿見影的效果，但能不能持續，就難說了！因此這類的治療必須要有完整的理論與方法，否則只能起簡單的舒緩效果而已，稱不上療法。

市面上最常見的另類療法，就屬能量療法，原因是因為沒有什麼技術門檻，很多的工具或設備容易取得。但是存在問題是一樣的，就是必須要有完整的理論與方法，否則只能淪為治標式的舒緩而已！

而依照「訊息 ➡ 能量 ➡ 物質」的理論，訊息的特性由於與能量及物質的差異很大，因此使用訊息進行干預，一樣得有完整的理論與方法！

經過幾10年的努力，訊息理論已經差不多齊備，但是方法卻還有很大的努力空間！

有一個與原子療法類似的部分，那就是數量龐大，這也是為什麼訊息療法推廣幾10年來，總是無法登上檯面。因為總是令人覺得好像有效？又好像沒有效？

存在有效個案，同時也存在無效個案，一直在有效與無效間拉鋸著，因此，相信訊息療法的人，會把訊息療法的有效個案，當成神奇事件來看待，但這其實很悲哀！

我不相信奇蹟，萬事萬物必然有其道理，唯有不明白道理，才會認為是奇蹟，明白道理邏輯，就會認為結果正常，而不是什麼奇蹟，這也就難怪，傳統量子儀器總是只能淪為檢測的儀器。

就是負責驗出一大堆問題，但是效果總是令人值得再商榷，量子儀器是觀微的儀器，能夠透過觀微的過程找到更多的可能原因，但是觀微的結果並沒有相對應的治療方案，因此也就功虧一簣！

6 何謂量子？

關於量子這個稱呼，坦白說，中國大陸的人比其他地方的亞洲人有概念。量子是非常小的計量單位，訊息也是。因此，胰臟可不可以用一個訊息代碼來表示？可以；胰臟可不可以用一個小點或是多個小點來表示？可以。

市面上有一種儀器，會用圖像化或點的方式，去表達該部位的好壞，例如：三角形就是不好，圓形就是好。

先透過儀器掃描臟器，然後該臟器的圖像上面就出現各種不同形狀的點；再啟動治療，就會逐漸把不好的三角形都改變成圓形，就是治好了。

那麼事實呢？有沒有治好呢？其實沒有人知道，因為那些點都太粗糙了，點跟點之間的位置，一樣涵蓋不了；點也只是分布在表面，臟器裡面一樣涵蓋不了。

因此，真實效果如何，不言自明。

7 關於傳統的量子儀器

在剛接觸這類儀器的初學者都會很興奮，因為看到量子儀器的數據庫內，那些洋洋灑灑的檢測數據，就會覺得明天是充滿陽光的；以及覺得很多疾病，可以利用這部量子儀器立即治癒。

看到肝臟、肝癌、胰臟、胃癌，一堆密密麻麻的數據，任誰看了，都會立馬感到興奮。但是，靜下心來好好想想，一個肝臟可以用一個代碼或是多個代碼來簡單代表嗎？你的頭部可以用一個代碼或是多個代碼來簡單代表嗎？頭部的訊息代碼可以簡單的涵蓋你的大腦部位？或是你的小腦嗎？

很明顯，這是不可能的。

因此，當你想要用一個頭部的訊息代碼來治療老年痴呆症，我建議你，別浪費時間了。用量子儀器來查出你頭部有問題？很簡單！但是，如果講到治療，那就是大哉問。絕對不是查到什麼就治什麼，這麼簡單的事。如果想用量子儀器治病，你必須有醫療的相關專業知識！

而如果想用量子儀器從事農業，你必須有農業的相關專業知識，以此類推。

8 關於量子儀器失敗的錯誤方向
SECTION

量子儀器或是量子療法，推廣了幾10年，為何一直沒有成功？其實問題就出在「看到什麼，治什麼」的西式思維。

西醫會成功，是因為處理大東西，直接毀屍滅跡，把壞的東西割掉或毀掉，只要東西沒有再長回來，就算是治好。而量子是很小的單位，其實要比大小，絕對比治療原子難度還高。

假設西醫判定，要把膽囊割掉，西醫只要一刀就搞定了，用量子的方式來定位膽囊，可能是需要幾萬億個量子單位，而幾萬億，要從何治起？

因此，不成功是必然的。而以實際的量子儀器來講，也不會真的用幾萬億個量子單位來代表膽囊，頂多只是用幾個代碼（不同觀察角度）來代表膽囊而已。而在無法完全代表膽囊的情況下，直接對治，效果自然不明顯。

9 新的量子思維模式

我在10幾年前，就已經發現量子療法的問題是出在思維上，量子儀器是由西方人發明，因此用西式的思維也正常。

因此，當我準備推廣量子應用時，就不打算用西式思維，因為之前的量子前輩們，已經花了幾10年去證明這條路行不通，所以我從一開始就是應用東方的系統式思維，而不是「看到什麼，治什麼」的這種西方概念，因此Q.S.E.量子系統是全球第一個採用中醫思維的量子學習系統。

用西方思維進行量子處理，針對的就只是單純的點，厲害的由點連成線，頂多就是到線而已；而Q.S.E.一開始也是由點建立資料庫，然後連成線（藥的分類），然後再整合各類藥物成為藥方，這就成為面了。由面的整體影響，在物質界才能夠明顯看到改變，而不是一直停留在點或線的改變。經過10幾年的努力，Q.S.E.成為調理效果最強大的量子系統。

如此一來，雖然很多用戶擁有許多不同品牌的量子儀器，但只要牽涉到調理的功能，只會選擇Q.S.E.來進行。

10 針對量子空間等化儀的檢測

在一般人的腦海裡，會認為應該是有一個資料庫，然後利用一定的演算法，去跟資料庫比對，才產生結果。是的，目前市面上的儀器，確實是用這樣的方法。

但是Q.S.E.量子系統並不是，量子空間等化儀不牽涉任何的演算法或計算，只是單純把等化項目（資料）一項一項發送給比對的對象，然後偵測是否產生共振現象，因為這中間沒有任何演算法，所以我們也不清楚，每個項目要測多久。

外面的儀器，測多少項目就是多少時間，這是固定的（因為有公式、有演算法）。

　　當牽涉到使用命令去進行檢測時，宇宙大智慧（名詞解釋請參考下冊的P.151；詢問方法請參考上冊的P.181）就會介入提供意見，給予最適合的解答。當使用訊息的方式發送給個案，要等到我們發送過去的訊息降階成為能量，再由能量降階為物質後，個案才可能會有感覺，而這個降階的速度因人而異！

　　這就是量子儀器看起來很科學，但是在調理效果上面，卻顯得不太科學的原因（因為結果有重現的困難度）。而Q.S.E.同樣也得面臨這種訊息降階的不可靠性，只是Q.S.E.並不是只靠量子儀器來完成整個調整，而是使用各種工具去填補訊息的空洞化（未降階前）。

　　除了Q.S.E.發送技術的改進外，還有大量應用量子貼片、量子倚天萬用棒、量子屠龍萬用棒、龍泉杯墊、綠源杯墊、量子雲端系統、QBU（量子項鍊）等工具，因此，這就是為什麼Q.S.E.系統的調理效果會明顯得多！

量子糾纏的理論

The Theory of Quantum Entanglement

以下摘錄自網路維基百科。

「量子糾纏，即在量子力學裡，當幾個粒子彼此交互作用後，由於各個粒子所擁有的特性已綜合為整體性質，無法單獨描述各個粒子的性質，只能描述整體系統的性質，因此稱此現象為量子纏結或量子糾纏（Quantum Entanglement）。量子糾纏是一種純粹發生於量子系統的現象，在古典力學裡，找不到類似的現象。

假若對於兩個相互糾纏的粒子，分別測量其物理性質，像位置、動量、自旋、偏振等，就會發現量子關聯現象。例如：假設一個零自旋粒子衰變為兩個以相反方向移動分離的粒子。若沿著某特定方向，對其中一個粒子測量自旋，而得到結果為上旋，則另外一個粒子的自旋必定為下旋；而若得到結果為下旋，則另外一個粒子的自旋必定為上旋。更特別的是，假設沿著兩個不同方向分別測量兩個粒子的自旋，會發現結果違反貝爾不等式；除此以外，還會出現貌似悖論般的現象：『當對其中一個粒子做測量，另外一個粒子似乎知道測量動作的發生與結果，儘管尚未發現任何傳遞資訊的機制，且兩個粒子相隔甚遠。』」

阿爾伯特‧愛因斯坦、鮑里斯‧波多爾斯基和納森‧羅森於1935年發表的愛因斯坦-波多爾斯基-羅森悖論（EPR悖論），論述到上述現象。埃爾溫‧薛丁格稍後也發表幾篇關於量子糾纏的論文，並且給出『量子糾纏』這一術語。愛因斯坦認為這種行為違背定域實在論，稱之為『鬼魅般的超距作用』（Spooky action at a distance），他總結，量子力學的標準表述不具完備性。然而，多年來完成的多個實驗證實，量子力學的反直覺預言正確無誤，還檢試出定域實在論不可能正確。甚至當對於兩個粒子分別做測量的時間間隔，

比光波傳播於兩個測量位置所需的時間間隔還短暫時，這現象依然發生，也就是說，量子糾纏的作用速度比光速還快。最近完成的一項實驗顯示，量子糾纏的作用速度至少比光速快10000倍，這還只是速度下限。根據量子理論，測量的效應具有瞬時性質，可是這效應不能被用來以超光速傳輸古典資訊，否則會違反因果律。

　　量子糾纏是很熱門的研究領域，像光子、電子一類的微觀粒子，或像分子、巴克明斯特富勒烯，甚至像小鑽石一類的介觀粒子，都可以觀察到量子糾纏現象。現今，研究焦點已轉至應用性階段，即在通訊、計算機領域的用途，然而物理學者仍舊不清楚量子糾纏的基礎機制。」

　　對於不是學物理的人來說，上面那段很艱澀難懂？以下，我用比較白話的方式來描述。

　　①目前量子糾纏已經在實際應用了。

　　②目前科學界對於量子糾纏還不十分明白。

　　③目前科學界只掌握了如何進行量子糾纏實驗。

　　④量子電腦就是透過量子糾纏理論做出來的，但離應用還很遙遠。

　　⑤目前科學界的量子糾纏應用只用在物質界的領域。

　　⑥由於應用在物質界，因此才會有比光速快10000倍說法，但肯定不正確。

　　跟百猴效應（P.55）一樣，量子糾纏早就發生在我們的生活中，而且在中國古代就已經懂得如何應用。不過因為這方面的應用都局限在訊息界，而不是物質界，所以才沒有被大家所重視。

　　簡單的說，量子糾纏就是當兩個粒子靠在一起一段時間後，就會產生所謂的量子糾纏現象（在古代沒有這個詞，因此會用別的詞來描述）。產生量子糾纏後，不管把這兩個粒子拉開多遠，兩個粒子都會產生同步效應，類似互相感應的現象。

　　而在剛開始發明照相術的時候，中國人很害怕。那時，照相術被稱為攝

魂術，除了對新東西的不明排斥外，其實攝魂術有一定道理（如果用現在的量子糾纏理論解釋）。

民間流傳著，如果小孩一直無故哭泣（尤其是夜晚），有可能是被嚇到了（民間會說是被魑魅魍魎嚇到），因此就會去廟裡收驚。而收驚時，小孩不需要跟著去廟裡，而是由親人攜帶小孩的舊內衣到廟裡，由廟裡的法師針對內衣施法即可。寺廟會再三交代要舊內衣，不可以是新的內衣。

而這種所謂的迷信行為，往往被老人家認為是有效的方法。收驚行為行之有年，也成為寺廟的其中一項主要服務，在古代這類有效，卻被批為迷信的習俗還真的不少，有些目前仍無法用這類的量子理論加以解釋。

也許，真的是迷信，或是我們尚沒有足夠的智慧來解讀，但是收驚行為目前用量子糾纏來加以解釋，是完全沒有任何問題的。

收驚行為，其中一個重點就是舊內衣，因為新內衣尚沒有與小孩的肉體產生足夠的量子糾纏，所以廟方要求要舊內衣這點，我只能說古人是高智慧呀！

而對舊內衣施法，就能對小孩產生影響，這一點對於現在大部分的人，都還很難接受，但是，這樣的收驚行為在台灣上百年應該有了吧？批為迷信，卻一直把小孩送到寺廟收驚，因為現實就是去收完驚，小孩就不會再哭了。

就像很多人批評宗教是迷信，但是發生事情時，卻去找宗教的幫忙。無解呀？人類太複雜了！

而量子儀器所使用的理論叫Radionics（放射粒子理論），這樣的理論在早期推廣也是困難重重。一直到量子力學慢慢被部分人認同，量子儀器才發現原來用量子力學裡面的量子糾纏理論，可以完美的解釋原來窒礙難推的放射粒子理論（Radionics），從那時開始，Radionics開始退居幕後，改由量子儀器的稱號上場。

因此，目前量子儀器透過檢測一張電子照片，可測出該電子照片裡人物的現況，就是透過量子糾纏理論。因為在拍照時，拍攝照片過程使感光元素

與被照者產生訊息層次的量子糾纏，所以只要檢測照片，就可以間接檢測到被照者的現況，但這個過程跟物質現象無關，而是在訊息層產生的變化。因此，如果你試著想用物質層的量子糾纏理論來理解這件事，你肯定會瘋掉，因為無解。

如此一來，用物質層的檢測方式無法證明這點，必須要用訊息層的檢測方法，也就是目前只能用真正的量子儀器（市面上有些量子儀器，並不全然是真正的量子儀器）來檢測出訊息層的一些變化。

因此，目前用物質的觀念來看待量子儀器的應用，障礙會非常大，要改用訊息層的觀念與特性，才有辦法好好應用量子儀器及量子儀器的相關技術。

訊息 ◀ 能量 ◀ 物質

當開始切入訊息領域並應用時，只會提到訊息層的相關變化，而不會去觸及能量或物質。因為訊息層與能量層之間可以互相轉換，並不需要去觸及能量。同樣地，能量與物質之間可以互相轉換，量子儀器只要能掌握訊息，就能一路從能量控制到物質。

而唯有在不觸及能量層以下，才能做到無遠弗屆，而不會陷落在物質界的種種限制。這也是為什麼目前的量子傳輸有傳輸距離的限制，但是應用在訊息的量子傳輸卻沒有任何限制的主要原因。

目前應用在量子儀器的傳輸樣本，最常見的就是電子照片或實體照片，再久遠一點就是毛髮、指甲之類。這在民俗的安生基（使用當事人的指甲、毛髮等），又有異曲同工之妙；還有中醫裡的祝由科，都是屬於訊息方面的應用；中國古代的很多術法都大量應用了訊息與量子糾纏，只是當初的人不理解（其實現代人也不一定清楚），而以結果論來處理。

最後，再提醒一次，量子儀器應用的量子糾纏理論，在訊息與物質應用有很大的差別。因此，建議不要把量子儀器使用的量子糾纏應用，與物質層的應用加以比較，否則只會再陷入物質層的限制。

訊息無法疊加、無法稀釋。

具有預測性。

訊息先行。

能量隨之。

物質演化。

　　因此，當你試著要用物質界的工具對訊息層的現象進行測量或觀測時，往往與實際的情況差距甚大。很多事情只能意會，無法落於文字，落於文字時就已經扭曲了，尤其是訊息層。但為了要傳承、要發展，又必須取得一定的物質性資料，這又觸及量子力學的測不準原理，真是令人頭大。

落於文字，即已扭曲。

空氣

水

　　從訊息層想要間接影響物質層，中間卡著一個能量層（不排除還有更多層），這又造成許多的困難。因此一個理論的健全，除了需要進行許多實驗外，也需要有時間及實務的落實配合。這期間需要對理論進行修正及再實驗。如果只是抱持著理論，而沒有經過一定的科學性實驗證明，就會使理論在執行上，產生許多問題。但是實驗、落實、理論修改，並不是人人都有能力可以做，這就是放射粒子理論（Radionics）為何經過那麼久的時間，並沒有長足進步的主要原因。

　　期望，透過「繁星點點計劃」的推動及 Q.S.E. 系統的普及，能引進更多專業人士的參與，進而對放射粒子理論的推廣有一定幫助。

百猴效應理論

Hundred Monkey Effect Theory

　　據說在1950年代初期，京都大學靈長類研究所的一群科學家，在研究日本九州宮崎縣幸島上的猴子，科學家給猴子一種他們從來沒吃過的洋芋（也不確定是不是洋芋，不過應該是根莖類的食物）。起初那群猴子一直在觀望，該不該吃那些沾滿泥巴的洋芋。後來終於有一隻猴子，把洋芋帶到海邊洗乾淨後才吃，其他的猴子看到這隻猴子這樣做後，也紛紛加以仿效。很奇妙地，當到了第一百隻猴子模仿清洗洋芋後才吃的行為時，卻發生驚人的變化。

　　在另一端從來沒有學習過先洗洋芋後才吃的猴子，突然在一夕之間，幾乎都學會了這種新的方式。也就是說，其他不知道吃洋芋前要先洗過的猴子，雖然沒有跟已經學會的猴子接觸，可是竟然也知道吃之前要先洗過。

　　而所謂「百猴效應」是指：當某種行為的數目，達到一定程度（臨界點）後，就會超越時空限制，而從原來的團體散布到其他地區。因此，對組織而言，只要認同某種觀念或行為的人，達到一定人數程度時，自然而然就會風起雲湧，獲得更多人的認同、支持。

　　英國的科學家謝瑞克（Rupper Sheldrake）認為：「不斷重複的行為會形成一種記憶，即不經思考也能夠反應。一百隻猴子的重複動作，形成了一種『磁場區域』，其他沒有學習過的猴子與這個『磁場區域』產生『共鳴』，而學會了這些行為。」

　　當然，以上說法去網路上找，會有一堆類似或是雷同的說法，也有人說這是偽科學，是拼湊出來的一種說法。

　　但我的看法是，任何所謂的科學，在發展初期都是拼湊、觀察階段，且或許也經過不被認同的偽科學階段。因此，我不想陷入科學與否的爭議漩渦裡，只提出幾個我的觀察，大家可以自行判斷。

在十幾年前，經常會見到有死狗躺在馬路邊。

思考

- 曾幾何時，經常見到路邊有死狗、死貓。
- 現在，經常看到狗狗會看紅綠燈、會過馬路，而且鮮少有死狗躺在馬路邊了。
- 到底是誰去教這些狗狗過馬路的？是主人嗎？
- 那流浪狗是誰教的？

結論

其實，這就是百猴效應的體現，不管是不是偽科學，狗一直被撞死，全球被撞死的狗超過百隻並不難，同種族間固有的量子糾纏，就會讓同品種的狗受到一定影響，逐漸進化到會過馬路，而這就是百猴效應。

問周圍的人1MB等於多少KB？

思考

- 常聽到的回答有兩個（如果知道答案）：
  ❶ 1MB=1000KB。
  ❷ 1MB=1024KB。

- 再問 1GB 等於多少 MB ？常聽到的回答也是有兩個（如果知道答案）：
  ❶ 1GB=1000MB。
  ❷ 1GB=1024MB。

結論

回答 1024KB 或 1024MB 的人，就是真的懂、有學過，而回答 1000KB 和 1000MB 的人，就是透過百猴效應所影響的結果。因為透過百猴效應影響的認知，只有大概的內容，而不會有細節，所以有些事你自然懂，除了是所謂的前世記憶外，有一大部分其實是百猴效應造成。

現代人講科學，其實是讓自己處在井裡，以井觀天得到有限的結論，稱之為科學。科學沒有什麼不好，可以讓人類快速學習，得以疊床架屋，但科學絕對不是王道。

無向量波技術應用

Application of Scalar Wave Technology

關於 Scalar Wave 這個英文字有許多的翻譯，最常見的就是「標量波」，而這個「標量」的翻譯是來自 Scalar 這個英文字。

但是，Scalar Wave 這個名詞，如果翻譯成標量波有點不倫不類，因為 Scalar Wave 的傳遞是跨空間的，而且無向量，所以翻成「無向量波」比較傳神到位。

常有人問我，無向量波跟 XXX 波有什麼不同？問的人覺得問題沒什麼，也覺得問題本身沒有什麼問題，但就我的角度來說，這問題很大，因為我根本就無法回答。

最常問到的就是無向量波（Scalar Wave）與下面這些波有何不同：赫茲波、特斯拉波、橫波振動、縱波振動等等。這類是物質波，其速度不能超過光速。自然無法跟無向量波來相比！就好像有人問你：「橘子跟蘋果有什麼不同？」一樣，就是不同。

截至目前為止，因為大部分人對於無向量波的認識還不夠，所以都是用物質特性的描述在進行討論。當然，在製造相關電路方面，也都是線圈的方式，並以頻率為主要製造的依循標準。

而無向量波（Scalar Wave）目前尚沒有檢測儀器可以測出，因此用線圈震盪器的方式所產生的波，是否就是無向量波（Scalar Wave），我就不好說了！

QooByU（QBU）是 2022 年底，鈦生科技有限公司會推出的一個全新量子個人助理，其本身就是一個無向量波（Scalar Wave）發射器的核心模組，也就是把 Q.S.E. 的心臟獨立做成一個小設備，而因為是無向量波（Scalar Wave），所以在電路板上完全看不到線圈。

若是一般的任何波形產生器，你會看到一個或是數個不小的線圈，而這只是屬於物質層的一般簡單電路而已。

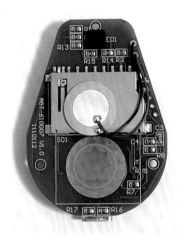 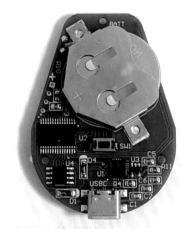

QBU的內部電路版正面。　　　　　　QBU的內部電路版反面。

　　如上圖，看不到任何線圈吧？下圖是另一家德國儀器公司製造的設備。

 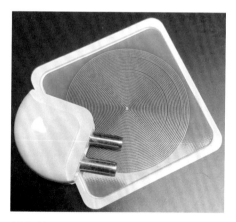

紅圈處為外接線圈的地方。　　　特斯拉線圈（主線圈應是藏在塑膠殼內）。

　　但要說明的是，這並不是我拆開的，而是這個設備的用戶，因為電池故障，所以拆開機殼，想要自行更換電池。大家可以看到，這是使用一般的鋰包，這種電池比較容易有潛在的風險（爆炸起火）。

QBU因為是掛在胸前，而且比較靠近臉部，如果電池發生問題，就會使客戶的人身安全產生疑慮。因此，QBU捨棄容量大且便宜的鋰包，改用工業級的鋰電池（不會因為過度充電或撞擊而爆炸）。

　　而因為無向量波（Scalar Wave）的跨空間傳遞特性，所以與一般的物質波不同，也與發射能量無關。當然，能夠跨空間傳遞的也許不一定只有無向量波（Scalar Wave），但是物質波發射肯定與發射功率相關。

　　因此，如果這類物質波想發射很遠的距離，發射功率就會很大，功率一大就通不過許多電子相關檢驗的標準（主要是FCC的檢測標準）。而製造這類產品是為了保健或是類似的應用，卻反而產生了本來不存在的電磁波汙染，這就違反了製造的初衷！

　　但是一個純正的無向量波（Scalar Wave）發射設備，不管是用哪一種電磁波檢測儀（有不同的頻段），應該都測不到有電磁波輻射場（或是會非常微弱），而有線圈的電子設備，要說沒有電磁波輻射場的汙染，我是滿不相信的。

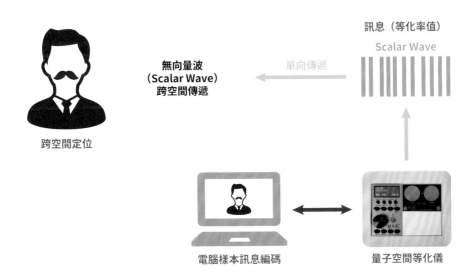

無向量波（Scalar Wave）的傳遞示意圖。

無向量波（Scalar Wave）在物質界的觀察到的是脈衝波，脈衝一出現就立刻消失。消失後，去哪裡？這是大部分人比較常問的問題，就是跨空間消失了！

　　如果，像一般市面用普通線圈去產生的仿無向量波或是類似的其他波，就不會如無向量波（Scalar Wave）這樣出現一下就消失，而是會有殘留的其他信號，也不會有真正無向量波（Scalar Wave）的優異效果展現，這就是Q.S.E.跟其他量子系統的基本差異。

　　因此，不用再問我無向量波（Scalar Wave）跟赫茲波、特斯拉波、橫波振動、縱波振動這些波有什麼不同，就是不同。

　　在無向量波（Scalar Wave）的基礎上，除了用來傳遞訊息外，也可以用來傳遞任何信號。就跟網路一樣，網路架構好了，上面就可以傳遞各種資料，也可以執行各類的APP，但前提是，架構的基礎波必須是無向量波（Scalar Wave），而不是市面上這些類似、看起來好像一樣的各種波。

　　目前很多資料都是透過網路來傳遞，包括你所熟知的銀行、手機等。換句話說，一旦無向量波（Scalar Wave）的技術成熟了，手機就不必透過基地台傳遞資料，且進入水中、進入地下室都完全沒問題！當然，去外太空也沒有任何問題，因為已經沒有距離的限制了！

　　因此無向量波（Scalar Wave）將會是明日之星，也會再次改變這個世界。

電子藥物與
訊息藥物的差異

The Difference Between Electronic Medicine and Information Medicine

在開始這節內容前,有一個常有人會問的問題:「訊息療法有副作用嗎?」訊息療法唯有對症才會共振,因此理論上沒副作用。而萬物、萬事的背後,皆有訊息的影子存在,只是人沒有進一步加以研究而已。

而藉著糾正或干預萬事、萬物背後的訊息,就可以對能量層次進行一定的改變,而能量層次的變動,最後會影響在物質層次。

當我們把西藥中的訊息藉著一定的手段提取後,同樣的西藥訊息卻不再具有原來的西藥副作用;而將中藥內的訊息提取後,有時會發現效果竟然比實體藥物的效果還好。以下針對訊息載體與電子載體,進行簡單的區別說明。

訊息類	說明
訊息藥物載體	特殊訊息載體(例如:訊息雷射全像載體、晶體結構物質等)。
訊息藥物傳送	可由物質性載體傳遞,亦可使用量子儀器進行跨空間傳遞。
訊息藥物穩定性	非物質界技術,無法進行任何干擾。

電子類	說明
電子藥物載體	特殊訊息載體(例如:晶體結構物質等)。
電子藥物傳送	可由物質性載體來傳遞,亦可使用電磁波技術進行一定距離限制下的傳送。

電子類	說明
電子藥物穩定性	容易受干擾，例如：任何能量靠近（電磁波、磁場、溫度等）皆會影響電子藥物的穩定性。

什麼是載體？

是一種可以暫存能量或訊息的物質，而可以暫存能量的物質，稱為能量載體；可以暫存訊息的物質，稱為訊息載體。不管是哪一種載體，在強大的能量介入時，都會喪失載體的功能，導致上面承載的能量或訊息毀損、喪失。

常見的載體包括：礦泉水、乳糖（糖球）、水晶（礦石）、雷射貼紙等。

QUESTIONS

◆ 什麼會毀損載體上的能量或訊息？

　　最常見的是加熱（熱會造成分子振動），再來是X光（包鋁箔紙能緩和，但無法阻擋X光），以及電磁波（手機或網路分享器等）或磁場（含磁鐵的物質，例如：磁石手鍊）。最容易被忽略的危險就是太陽光（尤其是紫外線），且要注意的是，在室內不代表就沒有紫外線，有一些劣質鹵素燈（一般是沒有採用能隔絕紫外線的燈泡玻璃）、老舊的日光燈管等，都可能持續散發微量的紫外線。

◆ 判定載體內能量或物質是否毀損的方法？

　　比較難判定，但在使用上會發現效果不佳（也可能是用戶自己保管不好）。有些人有特異功能，或是部分有感應力的人，確實可以進行判別。

2 關於載體的保護

(column.01) 為什麼載體需要保護？

不管是能量載體或訊息載體，都無法避免外在的汙染寫入。例如：有人念力較強，靠近他時就會遭受念力寫入。因此，不管是能量載體或訊息載體，都無法避免這種汙染。如果載體被強能量破壞，又被外在的不明能量或訊息寫入，最後載體將再不是原來的載體（四不像）！

例如：宗教團體透過念經製造的大悲水，建議在現場就喝掉，別帶回家或放很久後才喝。因為既然瓶裝水可以接收來自念經行為所植入的經文訊息，自然也可以隨時接收外界的任何訊息。拿回家的過程中，瓶裝水就會不斷接收來自四面八方的各類訊息汙染。等回到家時，該瓶裝水已經被汙染得很嚴重了。

目前，市面任何載體皆無法抵抗外在的能量、訊息汙染，因此需要找出保護載體不受汙染的方法。

(column.02) 其他常見問題

QUESTIONS

◆ 鈦生公司的訊息雷射全像載體與一般的雷射標籤貼紙有何不同？

鈦生公司的訊息雷射全像載體是運用高科技製成，是一種特殊結構體，不會被外界的能量影響，也不怕紫外線。除了不會被外界摧毀外，該載體只接受 Q.S.E. 3000 型的訊息寫入，因此能有效避免外界的干擾及汙染。配合 Q.S.E. 3000 型的儀器軟體，還可以加上防拷保護，保障自己的商業利益不被輕易竊取。

◆ 坊間所謂的「水知道答案」？

其實，水什麼都不知道，有什麼記什麼，也很容易被外界所影響，因此並不是一個好的載體（是載體，但是不夠好）。

3 關於訊息雷射全像載體

訊息雷射全像載體又可稱為量子貼片、雷射全像標籤，有中醫背景的專業人士，可以輕易上手使用，其性質如下。

熱源貼片：
等同中醫的「灸」。

①科技產品，非醫療相關產品。

②非物質性的方式，亦不含任何藥物或化學物質。

③可應用在各行各業。

④目前已成功應用在商務、風水、農業、保健、醫療等！

思霈貼片：
等同中醫的「針」。

（column.01）空白訊息雷射全像載體規格

① 可使用量子空間等化儀（Q.S.E.）進行訊息寫入（無法支援其他量子儀器的寫入）。

② 訊息雷射全像載體（標籤）大小：18mm×14mm。

③ 能將內存訊息以全像投影出來（放大效應）。

④ 訊息轉能量效能比：100％。

⑤ 保護載體裡面的訊息至少10年不被破壞（在載體被保存完好的前提下）。

⑥ 具備自動封印功能（避免外部影響而破壞），以及避免外界訊息與能量的干擾。

⑦ 能量層影響範圍：9.5cm。

⑧ 黏貼保護（黏貼後，一撕即自動毀損）。

藉著這類的訊息雷射全像載體（量子貼片），將訊息療法推動到極致，不再局限於量子設備上，且能大量商業化應用。而市面上的能量載體或訊息載體，都無法克服載體的衰退與重複寫入的問題。因此，這類載體停留在市面的時間越久，就離原先寫入的訊息內容越遙遠（外界的雜訊干擾寫入）。

翻譯名詞的一些謬誤

Mistakes in Translating Nouns

QUESTIONS

◆ **能量跟訊息有何差別？能量包含訊息嗎？**

這是兩個不同的東西，除了稱呼不同，特性也不同，根本就無法比較，也互不包含。

◆ **能量跟訊息可以互相轉換嗎？**

可以。但是必須在特定條件下，才能進行轉換。訊息降階後，會成為能量；而能量升階後，就會成為訊息。能量可以被稀釋、強化，但訊息無法被稀釋，也無法疊加。

◆ **訊息是頻率或光子嗎？**

不是。頻率和光子都是能量、物質界的東西。

◆ **訊息是密碼嗎？**

不是，那只是在物質界用來表達訊息的一段代碼。而在物質界用來表達訊息的一段代碼，稱為等化率值。

◆ **訊息傳遞需要能量嗎？**

不需要。只有在物質界的傳遞需要耗損能量（例如：電磁波的傳遞），訊息在訊息場中傳遞，不需要使用任何能量、物質作為媒介。

◆ **訊息透過量子儀器發射出去後，會轉變成物質嗎？**

訊息透過量子儀器發射出去後，會產生降階效應，訊息會先降為能量，再由能量降階為物質。降階後的物質是原訊息所代表的物質，但訊息不會完全與代表的物質一模一樣。因為在不同階的升階或降階都會有損失，所以在進行量子調整時，必須有足夠的技術來補償這種轉換的損失（Q.S.E. 有其特有的轉換補償技術）。

◆ 氣是訊息嗎？

氣是能量。因此，氣的發送有距離限制。市面上所謂的遠距發功調整，不可能是發氣，而是發訊息，只是當事者不清楚而已。

◆ 遠端發功會有所謂的量子糾纏嗎？

會。所謂的遠距發功是發功者與被調整者間產生量子糾纏，進而感應對被調整者的現況。因為在發功過程中，兩人之間會進行持續的量子糾纏，所以發功者自然會卡到部分的病氣。而發功者往往對外宣稱自己不會受傷，或發完功後會進行必要清理？事實上，發功者往往無法感覺到自己受傷的細微變化，自我清理也無法清得非常乾淨。在台灣有一位我認識的大師，開始幫人家收費發功後，發約半年就過世了。

◆ 訊息跟信息一樣嗎？

我一律稱呼為訊息。因為中國大陸有一個信息產業部，是專門管理物質界的通訊業務的管理機構。所以若用信息來稱呼，很容易產生誤導，讓訊息被誤以為成類似物質界的電磁波等。而在台灣或中國大陸皆沒有訊息方面的業務部門，因此用訊息表達會較為正確。

◆ Scalar Wave 到底是無向量波還是標量波才正確？

在早期開始有 Printer 時，用電腦畫表格是比較困難的事，只能透過印刷廠輸出。當個人電腦開始流行，個人電腦用的 Printer 也開始降價時，中文翻譯名稱就用印表機。因為想表達可以自己印表格的意思，同時翻譯成印表機感覺比較高級，所以印表機這個翻譯名稱就一直沿用到現在。反觀中國大陸把 Printer 翻成打印機，我覺得這個翻譯比較合適。

而在網路上，Scalar Wave 之所以被翻譯成標量波，罪魁禍首就是 Scalar 這個字被翻譯成標量，導致 Scalar Wave 被誤翻為標量波。這就跟 Printer 被翻成印表機一樣滑稽！我把 Scalar Wave 翻成無向量波，是以其特性翻譯，因此能一看就懂。

CHAPTER 2

量子空間等化儀
：單機簡易操作

QUANTUM SPACE EQUALIZER:
Stand-Alone Mode Easy Operation

ARTICLE
1

儀器各按鍵說明

Description of Each Button of the Instrument

1 量子空間等化儀（Q.S.E.）各按鍵對應說明

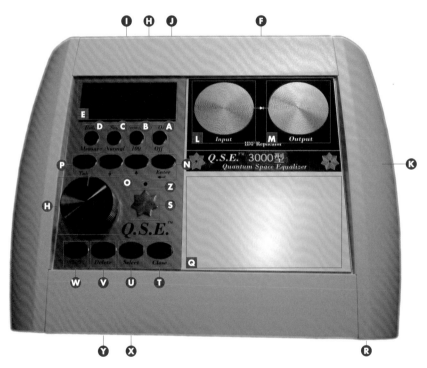

圖文代號	英文名稱	中文名稱
A	On-Off Switch	電源開關（開／關）
B	100-1000-10000 Switch	精密度選擇（100 ／ 1000 ／ 10000）

C	Normal-Scan Switch	模式切換（正常／掃描／PL1／PL2／PL3／PL4／PL5）
D	Measure ／ Balance Switch	輸入／輸出切換（檢測／等化／冷光等化／冷光脈衝等化）
E	Amplitude Readout	LCD顯示屏
F	Cell	檢測板插槽（插延伸檢測板用）
G	Amplitude Knob	檢測旋鈕
H	USB Jack	USB 接頭
I	Acadapter Jack	電源接頭
J	BNC Jack	冷光條輸出接頭
K	Battery Compartment（Not Used）	乾電池放置間（Q.S.E. 3000型已內建充電池）
L	Replicator Coils（Input）	訊息複製線圈（輸入端）
M	Replicator Coils（Output）	訊息複製線圈（輸出端）
N	Enter ⏎	電腦端對應確認鍵
O	↑ & ↓	向上（加1）或向下（減1）
P	Tab	電腦端對應跳格鍵
Q	Rub Plate	量子訊息回饋沾黏板
R	Battery Compartment Tab	乾電池放置間開啟按鈕
S	Replicator Button	訊息複製鍵（七星鍵圖樣）

圖文代號	英文名稱	中文名稱
T	Close	電腦端對應關閉鍵
U	Select	電腦端對應選擇鍵
V	Delete	電腦端對應刪除鍵
W	Shift	電腦端對應移位鍵
X	Scanning Probe Jack	掃描光筆接頭
Y	Audio Jack	聲音訊號輸入接頭
Z	Balancing LED	等化指示燈

儀器功能補充說明

❶ 電腦端對應鍵（Computer Function Buttons）是指對應電腦端同樣功能的按鍵，按儀器或電腦端皆可操作出相同結果。

❷ 延伸檢測板（Detect Plate）是當樣品無法直接插入檢測板插槽（Cell）時，用來延伸檢測範圍的高抗力數位板。（註：延伸檢測板材質為玻璃纖維。）

開機前準備

Preparation before Turn The Power On

01 請把儀器用的 USB 連接線及音源線，從儀器攜帶箱內一併拿出來，準備使用。

02 請將儀器的電源轉換器先接上儀器端。(註：市電端先不插電；新版儀器是由電腦端的 USB 供電，不須再插市電。)

03 用手去摸任何金屬物體，該金屬物體越大越好，且表面不可有漆或絕緣體，以釋放掉人體身上可能累積的任何靜電，避免傷害到儀器本身，或造成任何不穩定。(註：請勿摸電腦的主機外殼，因摸電腦主機外殼，有可能靜電更強。)

04 將電源轉換器的插頭端插到市電上，即完成開機前準備。(註：請勿解開電源轉換器線兩端的結，因其可抑制市電雜訊進入儀器。)

準備開機

Ready to Boot Up

1 開機及淨化檢測槽

請按位於量子空間等化儀（Quantum Space Equalizer）中間的電源開關「ON ／ OFF」一下。（註：如果LCD顯示屏沒亮，請再用力按一次；如果按了多次都沒亮，建議拔掉USB線，再重插一次，也請檢查電源或USB線是否有接好。）

在LCD顯示屏亮時，可看到屏幕中間出現「CLEAR CELL PLEASE WAIT」的字樣，表示儀器正在淨化檢測槽。（註：每次開機時，儀器都會自動清理檢測槽，因此開機前須先確定檢測槽中無任何樣本；若儀器有插上延伸檢測板，此時延伸檢測板上的樣本訊息也將被清理而消失。）

清理完檢測槽後，儀器會自動停留在主程式（Main Programs）。（註：清理時長是固定的。）

② 量子空間等化儀的LCD顯示屏介面介紹

量子空間等化儀的LCD顯示屏共有四列。

❶ 第一列用於顯示訊息。（註：關於 Stand Alone Mode 的詳細說明，請參考 P.73。）

❷ 第二列用於顯示說明。

❸ 第三列也用於顯示說明。（註：一般說明只會顯示到第二列。）

❹ 第四行用於顯示目前功能，且可再分為三部分。（註：關於第四列介紹的詳細說明，請參考 P.73。）

開機後的 Stand Alone Mode（單機運作模式）介紹

在沒有連接電腦時，開完機的LCD顯示屏第一列會顯示「Stand Alone Mode」，代表單機運作模式；但如果已經連接好電腦端的USB線，卻仍顯示「Stand Alone Mode」，代表USB線連接部分可能有問題。（註：電腦端第一次安裝程式時，須安裝USB的驅動程式一次。）

◆ LCD顯示屏第四列介紹

LCD顯示屏第四列共可被分為三部分，以下將由左至右分別介紹。

❶ 預設為「MES」（檢測模式），只要每按一次位於這個字樣下面的「Balance」鍵，就可依序切換功能為「BAL」（等化模式）、「BWL」（冷光等化模式）、「BWP」（冷光脈衝閃動等化）；在BWP模

式時，再按一次「Balance」鍵，就可回到MES模式。（註：回到MES模式時，等化指示燈會熄滅；這是一個迴圈，只要一直按，就會回到原點。）

❷ 預設為「NOR」（正常模式），只要每按一次位於這個字樣下面的「Scan」鍵，就可依序切換功能為「SCN」（掃描輸入模式）、「PL1」（閃動頻率360ms）、「PL2」（閃動頻率4ms）、「PL3」（閃動頻率2ms）、「PL4」（閃動頻率250us）、「PL5」（閃動頻率45us）；在PL5模式時，再按一次「Scan」鍵，就可回到NOR模式。（註：這是一個迴圈，只要一直按，就會回到原點；啟動NOR模式時，如果有插掃描光筆，掃描光筆會同步發亮。）

❸ 預設為「100.0」（一般精密度），只要每按一次電源鍵左邊的「100／1000／10000」鍵，就可依序切換功能為「1000.0」（中等精密度）、「10000.0」（高等精密度）；在10000.0模式時，再按一次「100／1000／10000」鍵，就可以回到100.0一般精密度。（註：這是一個迴圈，只要一直按，就會回到原點。）

在100.0一般精密度下，須記得將旋鈕歸零

在100.0一般精密度下，LCD顯示屏最右下角的數值，有可能不是100.0或是0.0，這是因為檢測旋鈕沒有歸零所致，請經常性將儀器的檢測旋鈕向右轉到底（正值測試用），或是向左轉到底（負值測試用）。

內建程式

Built-In Programs

1 單機運作模式的內建程式介紹

單機運作模式下，已事先存在儀器內部記憶的程式目前有三個，分別為 Main Programs（主程式）、Biofield Programs（生物場域程式）、Chakra Programs（脈輪程式，或可稱為梵穴輪程式）。（註：關於單機運作模式的詳細說明，請參考 P.73。）

大部分的程式都被存放在主程式內，且主程式、生物場域程式、脈輪程式內都含有副程式，以下為儀器主機內各項內建程式的清單。（註：關於內建方程式的展開清單，請參考下冊的 P.154。）

◆ Main Programs（主程式）介紹

內建程式英文名稱	中文名稱	備註
01 Stick Practice	沾黏板練習	初學者必用（P.85）。
02 Initial Tests	初始測試	淨化環境場域（P.89）。
03 Subtle Balance	精微能量平衡	食物、動物皆適用。
04 Agricultural Alignment	農業相關校正	去臭味、病蟲害、植物健康等。
05 Affirmations	宣誓詞	心理調適。

內建程式英文名稱	中文名稱	備註
06 Non-Positive IDF Patterns	非正向 IDF	負值的等化率值。
07 Positive IDF Patterns	正向 IDF	正值的等化率值。
08 Metals	金屬元素	常見金屬元素測試。
09 Organ ／ Chakra IDF Patterns	器官／脈輪 IDF	
10 Chakra Delight	脈輪黯淡	開脈輪專用程式。
11 Soil Analysis	土壤分析	農業用，針對土壤。
12 Animal Health IDF Patterns	動物健康 IDF 癥型	針對畜牧業。
13 X-Ray Program	移除儀器的 X 光汙染	主要針對曾通過海關的儀器。
14 100 Tunings	常用的一百個等化校正	很多好用的東西在裡面。
15 Minerals and Vitamins	礦物質與維生素	似乎人人都需要。
16 Stasis Program	靜態程式	
17 PMS ／ Menopause	經期／絕經	有經痛或更年期問題者。
18 Remove Neg. Energy	移除負能量	平時沒事都可用。
19 Neg.Operator Clearing Code	操作者自我清除（負值）	
20 Pos.Operator Clearing Code	操作者自我清除（正值）	

♦ Biofield Programs（生物場域程式）介紹

內建程式英文名稱	中文名稱
01 Intake Clearances	引入端淨化（註：處理任何樣本前，皆須執行此程式；詳細步驟請參考 P.94。）
02 Biofield Systems	生物場域系統
03 Psychology Systems	心理學系統
04 Cellular Systems	細胞系統
05 Nutrition／Metabolic System	營養／代謝系統
06 Neurological System	神經系統
07 Endocrine System	內分泌系統
08 Hematological System	血液學系統
09 Immune System	免疫系統
10 Ophthalmological System	眼科系統
11 Otorhino-Laryngological	耳鼻喉科系統
12 Oral／Dental System	口腔／牙科系統
13 Pulmonary System	胸腔科系統
14 Cardiovascular System	心血管系統
15 Gastro-Intestnl System	腸胃科系統
16 Hepatic／Biliary System	肝膽科系統
17 Renal／Urologic System	腎臟／泌尿科系統
18 Reproductive System	生殖系統

內建程式英文名稱	中文名稱
19 Muscle ／ Skeletal System	肌肉/骨骼系統
20 Dermatologic System	皮膚科系統
21 Pain Program	疼痛程式
22 Infections	感染系統
23 Bacteria	細菌
24 Viral	病毒
25 Fungus and Parasites	真菌與寄生蟲
26 Environmental Agents	環境媒介
27 Toxins ／ Poisons ／ Pests	毒素/毒物/蟲害

♦ Chakra Programs（脈輪程式）介紹

內建程式英文名稱	中文名稱	內建程式英文名稱	中文名稱
01 Crown Chakra	頂輪	05 Solar Plexus Chakra	太陽神經叢輪
02 Brow Chakra	眉心輪		
03 Throat Chakra	喉輪	06 Sacral Chakra	臍輪
04 Heart Chakra	心輪	07 Root Chakra	海底輪

② Custom Programs（客製化程式）介紹

除了以上三個內建程式外，儀器內尚預留了一個Custom Programs（客

製化程式）的記憶空間，可用來儲存用戶自己建立的程式。（註：在電腦端建立客製化程式後，須透過USB線轉存到儀器內部。）

　　這個用來儲存客製化程式的記憶空間，約可儲存兩百五十個程式左右，確實數量與程式的大小有關。例如：如果每個程式內含有四十個等化率值，約可以儲存一百五十個程式；如果每個程式內含有一千個等化率值，則只能約儲存五個程式。（註：除了程式外，尚有檔頭及相關索引資料都需佔用記憶空間。）

建立客製化程式須知

目前的單機運作模式是純英文系統，因此客製化的程式只支援英文，如果輸入中文，將導致儀器記憶體發生錯亂，而讓儀器無法運行。用白話文講就是儀器被搞壞，需要送回工廠維修了！

③　程式操作方法介紹

　　單機運作模式的操作非常簡便，只須單純使用「↑」或「↓」鍵來移動位置或增減數值；使用「Enter」鍵來確認執行；有錯誤就隨時按「Close」鍵跳出；其他像「Shift」、「Delete」、「Select」、「Tab」等儀器鍵只是備用，平時皆很少使用。

請按位於儀器中間的電源開關「ON ／ OFF」一下；用戶可以鉛筆後面所附的小橡皮擦，來代替手指去按，這樣可以讓操作更加順暢。（註：如果LCD顯示屏沒有亮，請再按一次「ON ／ OFF」；關於開啟儀器的詳細說明，請參考P.71。）

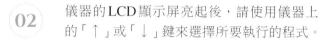

02 　儀器的LCD顯示屏亮起後，請使用儀器上的「↑」或「↓」鍵來選擇所要執行的程式。

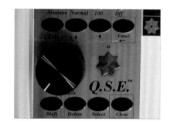

03 　選定好程式後，請按儀器上的「Enter」鍵確認執行。（註：如果有任何操作不正確，隨時可透過按儀器上的「Close」鍵跳到最上面一層的主程式，然後重新進入主程式、生物場域程式、脈輪程式或客製化程式後，再使用儀器上的「↑」或「↓」鍵，來移動至需要的副程式位置。）

04 　若想中止任何儀器作業，都可以按「Close」鍵。

順利瀏覽儀器內程式及內容的方法

因為儀器上的LCD顯示屏很小，所以無法順利瀏覽儀器內的所有程式及內容，因此請參考下冊的內建軟體清單，以便能輕鬆操作單機運作模式的所有強大功能。（註：關於量子空間等化儀的單機版內建程式清單，請參考下冊的P.154。）

沾黏板練習

Rub Plate Practice

1 沾黏板使用前須知

以下為沾黏板使用前必知的八條基本操作要求。

① 黏板使用前須先設定好沾黏板練習程式。(註：關於設定沾黏板練習程式的詳細步驟，請參考 P.85。)

② 沾黏板只能用右手操作。

③ 雙手不可留指甲，盡可能剪短。

④ 雙手須保持潔淨、乾燥，如果會流手汗，請直接往自身衣服擦乾即可。

⑤ 雙手溫度適中，不可溫度太低，會影響感覺。

⑥ 操作時僅用右手三根手指（食指、中指、無名指），缺一不可，如果任何一指受傷，就不適合操作沾黏板。

⑦ 操作時，請將儀器置於身體的正前方，雙手擺於儀器兩側即可。

⑧ 操作時，右手三指的指腹須輕輕放在沾黏板上，無須用力，越輕越好，以指頭能滑動的狀態為佳。

想熟悉沾黏板操作，須掌握基本要求並不斷練習

首先要說明的是，沾黏板操作並不像學開車一樣，只要有樣學樣就行，

而是除了以上的基本操作要求外，還可能需要有一點點慧根，以及不斷的練習，如果只想看別人操作的樣子來學習，是完全沒有幫助的事。

2　沾黏板檢測時須知

◆　沾黏板的操作方法

沾黏板的操作練習方法，就是沾黏板練習程式設定完成後，當LCD顯示屏出現「Non Stick」時，就開始用右手三指的指腹輕輕在沾黏板上繞圈摩擦；當LCD顯示屏出現「STICK」時，就停止動作；而「Non Stick」再出現時，就再次開始繞圈，且繞圈時面積越廣越好，儘量不要只在小區域繞圈。（註：關於設定沾黏板練習程式的詳細步驟，請參考P.85。）

右手指腹滑不動的解決方法

如果指腹滑不動，可嘗試以下方法進行改善。

① 減少手指壓在沾黏板的力量。

② 調整手指與沾黏板形成的夾角角度，例如：先調整成30度角，如果還是不行，就再調整成90度角。

③ 在沾黏板灑上小量的滑石粉。（註：小心不要撒到整部儀器都是粉末。）

♦ 每次右手繞圈方向須統一

摩擦沾黏板時，右手手指繞圈的方向往左或右皆可，但每次繞圈須統一方向，不要一下子往右繞圈、一下子又往左繞圈。

♦ 左右手須同時配合操作

沾黏板檢測過程是右手用三根手指一直在沾黏板上繞圈摩擦，然後左手同時旋轉檢測旋鈕，且雙手動作的速度須同步，也就是右手繞圈得越快，左手就該轉得越快。（註：左手旋轉檢測旋鈕的方向會由等化率值為正值等化或負值等化而決定，有可能是由 0 轉向 100，也可能是由 100 轉向 0，分辨方法的詳細說明，請參考 P.91。）

♦ 操作速度及手指壓力可因人而異

沾黏板檢測的適合速度是憑感覺、因人而異，只是要提醒大家轉慢一點，因為大部分初學者都轉得太快了。

另外，繞圈時，手指壓力的輕重也是因人而異，因此必須靠練習揣摩，慢慢從輕按到逐漸加壓，找到一個最適合的壓力感。

♦ 手指出現沾黏感，即為停下檢測旋鈕的時機

在沾黏感出現時，就是該停止旋轉檢測旋鈕的時機，且慢慢地多練習幾遍後，用戶會發現當自己覺得指腹有一點點的黏住感時，就恰好會是 LCD 顯示屏上出現「STICK」時。（註：手指感受到沾黏感，代表判讀到訊息的共振點。）

關於沾黏感的介紹

對沾黏板操作高手而言，沾黏感可能是真的感覺到手指被黏住；但對初學者而言，通常只是感受到手指指尖的感受發生變化而已。

初學者可能無法一次就感受到三根手指的變化，有時剛開始只會有一根手指頭出現差異感，但在經過練習後，就可以慢慢練到兩根手指、三根手指都出現沾黏感。假如真的只有一根手指能感受到沾黏感也沒關係，就以那根手指為檢測參考的指標，不用特別罣礙。

♦ 繞圈摩擦的範圍須盡量擴大

　　有一個可能發生的情況是，沾黏板下有三個無向量波（Scalar Wave）發射天線，而如果每次手指暫停的位置，都恰好介於天線與天線間的空隙（此處的信號會弱一點點），就有可能造成操作上的障礙，而較難感受到沾黏感。這就是建議盡量大範圍式繞圈摩擦沾黏板的原因，以避免這樣的情況發生。

♦ 通常練習五遍就能掌握沾黏感

　　有些人因為體質的問題，似乎天生就適合操作沾黏板，很容易就可以感覺到沾黏，同時經過簡單的練習，可以很精確的判讀出訊息的共振點。如果沒有此種現象，不用急，慢慢多練習幾遍，就可以逐漸上手。

　　一般來講，頂多練習五遍，就差不多，只要感覺到沾黏時，LCD顯示屏也差不多出現或快出現「STICK」就行了，有時幾秒的誤差是可接受的。（註：一遍是指設定程式跑十次，關於設定沾黏板練習程式的詳細步驟，請參考 P.85。）

◆ 有時可用真實物品，取代程式進行沾黏練習

　　不建議一直透過這個程式來練習沾黏板技術，有時實際去檢驗真實物品，會比使用這種練習程式還進步得更快。不必擔心自己的沾黏板技術熟練度的問題，因為使用沾黏板本來就不會每次都讀到一模一樣的數值，但是每次驗到的數值都應該相去不遠，如果每次的數值差距過大，才會是沾黏板操作的問題。（註：關於檢測出讀值的示範步驟，請參考 P.96 的檢驗等化率值。）

檢測不用追求準確，讀值結果相近即可

準確一直是大家對儀器的要求，但對量子儀器來說不適用，因為量子儀器主要檢測的是機率，所以只要最後檢測出的數值類似即可，例如：98.3 跟 97.9 雖然不是一模一樣的數值，但已相當接近，這樣就可以了。（註：不適用準確要求的原因，請自行參考量子力學中，測不準原理的相關理論。）

③ 設定沾黏板練習程式

開完機後，LCD 顯示屏上會停在主程式（Main Programs），請按「Enter」鍵，就會進入主程式。

02 進入主程式後，第一個副程式就是「01 Stick Practice」（沾黏板練習程式），再按一次「Enter」鍵就可進入沾黏板練習程式。

03 進入後，LCD顯示屏會詢問要自動模式（Auto）還是手動模式（Manual），按儀器上的「↑」或「↓」鍵可改變選項。（註：關於手動及自動模式的詳細說明，請參考 P.88。）

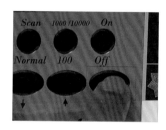

04 在沾黏板練習程式，建議使用自動模式，因此只要直接按「Enter」鍵即可。（註：副程式一開始預設值就是自動模式。）

05 進入副程式的自動模式，即可設定等化時間（Balancing Time），建議設定為10.0，並按「Enter」鍵。（註：預設值為10.0，時間單位為秒。）

06 設定延遲時間（Delay），建議設定為1，並按「Enter」鍵。（註：預設值為1，時間單位為秒。）

07 設定執行次數（Number of Cycles），建議設定為10。（註：預設值為1，須按「↑」鍵將數值增加到10；進入每個副程式的自動模式，皆須設定等化時間、延遲時間及執行次數。）

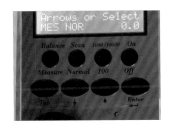

08 按儀器左上角的「Balance」鍵（此時LCD顯示屏左下角會顯示為BAL）。

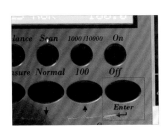

09 確認LCD顯示屏左下角的英文由MES改為BAL後，按「Enter」鍵，沾黏板練習程式就會開始執行。

10 用戶會看到LCD顯示屏上先出現「Non Stick」，停留10秒後，才會再出現「STICK」，並也停留10秒，如此反復進行共十次。（註：因為在步驟7設定執行十次。）

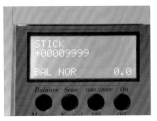

副程式的手動及自動模式介紹

手動模式

指副程式內的每個項目或專案不會自動被執行，而是依靠操作者控制檢測、等化及等化時間的長短。

自動模式

指只要在一開始設定好等化時間、延遲時間、執行次數後，程式就會自動依照設定來執行，執行完畢後會自動停止，不像手動模式，操作者須一直在旁監看。

4　其他說明

美國最近新推出的SE-5 2000，其實就是原來的SE-5 1000+PSD（沾黏偵測盒），並不是新的機種。PSD對於初學者有沒有實際幫助？沒有。但對於已經有一點沾黏板經驗，但是操作不穩定的用戶，是有點幫助的。

白話文就是，PSD對完全不會操作沾黏板的新用戶來講，有沒有PSD都是一樣的困難度，也就是SE-5 1000與SE-5 2000是一樣的，同樣是手動的設備，不會自動檢測，想藉著PSD而跳過沾黏板練習過程，是不太可能的事。因此，對於想擁有自動檢測功能的用戶，只能選擇Q.S.E. 3000型。

初始測試

Initial Test

1 設定淨化環境場域程式

01 開完機後，LCD顯示屏上會停在主程式（Main Programs），請按「Enter」鍵，就可進入主程式。

02 進入主程式後，第一個副程式就是「01 Stick Practice」，請按一下「↓」鍵移動到主程式內的第二個副程式「02 Initial Tests」，也就是初始測試程式。（註：初始測試程式的用途是淨化環境場域。）

03 再按一次「Enter」鍵，就可以進入初始測試程式。（註：建議每天第一次開機，或是到了一個新的場合，都要跑一次此程式，以確保所處的地方適合進行儀器操作，這個副程式多跑幾次，不會有任何危害。）

進入副程式後，LCD顯示屏會詢問要自動模式（Auto）還是手動模式（Manual），按一下「↓」鍵就可將模式由預設的自動模式改成手動模式。（註：關於手動及自動模式的詳細說明，請參考 P.88；第一次練習先選擇手動模式，以後正式操作選擇自動模式即可；只要進入任何副程式的自動模式，都會詢問三個問題，分別是等化時間、延遲時間、執行次數；而此處所謂的自動，只是單純在這裡循序執行，而不是代表單機模式有自動檢測的功能，若想能自動檢測，必須進入 Q.S.E. 的聯機模式才會有。）

04

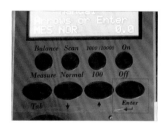

05

再按一下「Enter」鍵，就可以進入此副程式的第一個選項「Rates」（等化率值）。

06

進入後，在LCD顯示屏上，首先看到的應該是「99996900 Blockages」。（註：第一個數字9前面沒有任何符號，表示其為負值等化，如果在數字前面有加一個「＋」符號，就表示其為正值等化；關於正值等化及負值等化的詳細說明，請參考 P.91。）

正值等化及負值等化介紹

正值等化

指檢驗時，要先將檢測旋鈕向右轉到100.0，然後右手摩擦沾黏板，左手慢慢把檢測旋鈕往反方向轉（左轉）；而進行等化時，正值等化一律將值設為100.0後，才進行等化作業（按儀器左上角的「Balance」鍵）。

負值等化

指檢驗時，要先將檢測旋鈕向左轉到0.0，然後右手摩擦沾黏板，左手慢慢把檢測旋鈕往反方向轉（右轉）；而進行等化時，負值等化一律將值設為0.0後，才進行等化作業（按儀器左上角的「Balance」鍵），因此學會辨別正值或負值是很重要的事。

2　檢驗等化率值

01 承P.90的步驟6，先將檢測旋鈕向左轉到0.0。（註：因為99996900 Blockage是負值等化。）

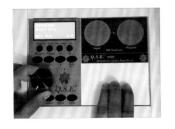

02 右手摩擦沾黏板，左手慢慢把旋鈕往反方向轉（右轉）。

當右手感覺到有沾黏感時，就停止檢測旋轉旋鈕，這時LCD顯示屏右下角出現的數字就是等化率值的讀值（Balance）。（註：負值不可以超過15，正值則不可以低於85，否則就是異常；只要讀值高於0，就須進行等化平衡；初學者不必太過在意讀值是否過高或過低，因為初學者往往讀值不穩定，只要讀個值出來參考即可。）

負值等化的讀值高於15，建議換場地操作儀器

官方說法是，在進行環境場域淨化時，如果負值等化的讀值高於15，表示該環境不適合操作儀器。此時解決方法有兩個，一個是將儀器換個擺放方向試試看（偶而會有用，但機會不大），一個是換地方操作儀器。如果非得在該場所操作儀器，則須承擔讀值可能會有錯亂的現象發生。

3　進行等化平衡

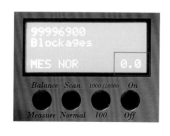

承P.92的步驟3，請先將檢測旋鈕向左轉到0.0。

02 再按下儀器左上角的「Balance」鍵，確認LCD顯示屏左下角的英文由「MES」改為「BAL」後，此時儀器就已進入等化模式。（註：不須再按「Enter」鍵。）

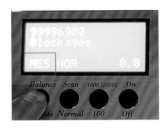

03 等化時間可自己拿捏（所以才叫手動模式），覺得差不多了，再按「Balance」鍵三下，就會回到MES模式，完成等化平衡。（註：請注意看LCD顯示屏左下角的英文顯示。）

04 此時，可再檢測一下等化率值是否變低。（註：負值等化一般都會變低，或是直接就是0.0，代表環境淨化完成；如果還不是0.0，可決定是否需要再進行一次等化平衡；檢測方式請參考P.96的檢驗等化率值。）

單機模式檢測

Stand-Alone Mode Measure

在執行完初始測試程式（02 Initial Tests），完成場域淨化後，就可開始準備進行任何檢驗。（註：如果淨場不完全，將會導致後續作業的不穩定，因此務必確實執行完畢。）

1 設定引入端淨化程式

01 將客戶的檢驗樣本放在檢測槽（Cell）內，或是直接放在延伸檢測板上。（註：檢驗樣本可以是毛髮或是高解析度的照片；延伸檢測板須事先插入到檢測槽中。）

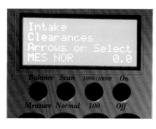

02 放入或放上任何新的樣本前，都要進行一次引入端淨化（淨化樣本），如果樣本沒有淨化完全，將會導致檢測不穩定或是不正確，甚至會造成後續的等化（Balance）效能不佳。（註：引入端淨化「01 Intake Clearances」這個副程式是位於 Biofield Programs 下面，並不是在 Main Programs 下面。）

03 當 LCD 顯示屏停在主程式（Main Programs）時，請按一下「↓」鍵移動到生物場域程式（Biofield Programs）。

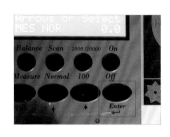

04 接著請按「Enter」鍵，就可進入生物場域程式。

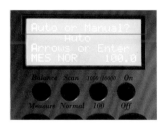

05 進入後，LCD顯示屏會詢問是要自動模式（Auto）還是手動模式（Manual）。（註：關於手動及自動模式的詳細說明，請參考 P.88；第一次練習先選擇手動模式，以後正式操作選擇自動模式即可；只要進入任何副程式的自動模式，都會詢問三個問題，分別是等化時間、延遲時間、執行次數。）

06 按一下「↓」鍵就可以將模式由預設的自動（Auto）改成手動（Manual）。

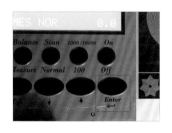

07 再按一下「Enter」鍵，就可以進入此副程式的第一個等化率值（Rates）。

08 進入後，首先看到的應該是「+100-0 Energy Purity」。（註：第一個數字前面1前面有一個「+」的符號，表示其為正值等化，如果在數字前面沒有任何符號，這表示其為負值等化；關於正值等化及負值等化的詳細說明，請參考 P.91。）

2 檢驗等化率值

01 承 P.95 的步驟 8，先將檢測旋鈕向右轉到 100.0。（註：因為 +100-0 Energy Purit 是正值等化。）

02 右手摩擦沾黏板，左手則慢慢把旋鈕往反方向轉（左轉）。

03 當右手感覺到有沾黏感時，就停止旋轉檢測旋鈕，這時 LCD 顯示屏右下角出現的數字就是等化率值的讀值（Balance）。（註：如果正值等化的數值非 100.0，就須進行等化作業。）

04 重複步驟 1-3，每一個單項都要一個一個依序檢驗完。（註：可按「↓」鍵來下移選項。）

③ 進行等化平衡

01 請先將檢測旋鈕向左轉到0.0。

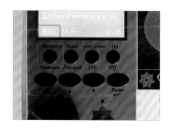

02 再按儀器左上角的「Balance」鍵，確認LCD顯示屏左下角的英文由「MES」改為「BAL」後，這時儀器就已進入等化模式。（註：不需要再按「Enter」鍵。）

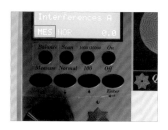

03 等化時間自己拿捏（所以才叫手動模式），覺得差不多了，再按「Balance」鍵三下，就會回到MES模式。（註：請注意看LCD顯示屏左下角上的英文顯示；等化的時間一般都是幾秒左右，也可以等化久一點，不會有傷害。）

04 此時，可再檢測一下等化率值是否變高。（註：正值等化一般都會變高，或是直接就是100.0，代表環境淨化完成；如果還不是100.0，可以決定是否需要再進行一次等化平衡。）

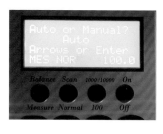

05 依序將下面的Interferences A、 Interferences B、Interferences C、Interferences D、Interfering Fields、Barriers to Rapport、General Vitality、Alkaline Acid、Balance Sodium Chloride等項目，都檢驗完即可。（註：如果嫌一個一個檢驗太麻煩，在進入

Biofield Programs時改選Auto即可；儀器預設建議等化時間為10.0秒、延遲時間1秒、執行次數一次，若這些數值需要調整，可透過儀器詢問宇宙大智慧，詢問方法請洽詢購買儀器的經銷商。）

06 將以上這些數值設好後，請將檢測旋鈕轉到50.0。（註：旋鈕設定值請參考下冊的P.154的量子空間等化儀的內建程式清單。）

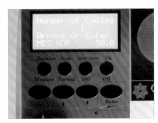

07 按下「Enter」鍵後，整個Intake Clearances就會自動開始執行。（註：當使用自動模式執行時，理論上不必再回去用手動再確認，但如果你想做也無妨。）

儀器及軟體升級後，許多功能皆為全自動

因為新版的Q.S.E. 3000型已經會自動切換BAL與MES，不再需要手動（新版Firmware）。儀器操作軟體部分也皆是全自動，所以在使用新版軟體時，就會漸漸少用單機執行，因為聯機的功能比單機操作多非常多。

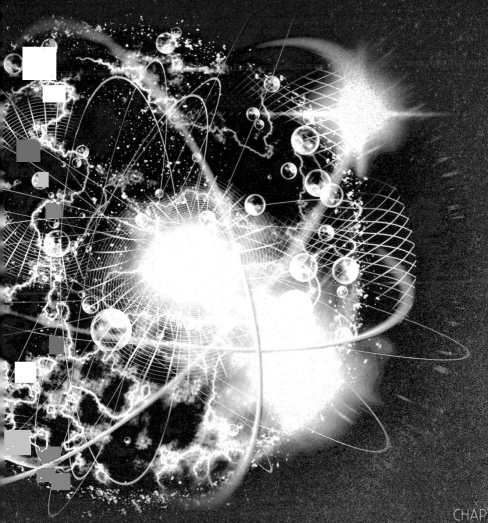

CHAPTER 3

量子空間等化儀
：聯機簡易操作

QUANTUM SPACE EQUALIZER:
Connect Mode Easy Operation

儀器軟體的下載及安裝

Instrument Software Download and Installation

1 儀器操作程式的下載

如果用戶手上暫時沒有儀器附送的軟體光碟或USB隨身碟，可直接從官方網站下載（Download）儀器操作程式，網址為：http://www.q-s-e.ca。（註：不同時期的檔案名稱可能不同，請自行參考官方網站的相關說明即可。）

Q.S.E. 3000型官方網站QRcode。

01

進入Q.S.E. 3000型官方網站，點擊「下載專區」。

02

進入下載專區，點擊「繁體中文版(覆蓋即可)」，以進行下載。（註：量子空間等化儀的操作軟體是標準的綠色軟體，因此不需要安裝，只要Copy進電腦就可立即使用，完全不會影響Windows的穩定性，或是干擾到其他軟體。）

03

下載檔案後，用滑鼠左鍵快速點擊它兩下，檔案就會自動解壓縮。（註：通常下載後會是一個自動解壓的壓縮檔；檔案名稱一般會是「QSE_FULL_20yymmdd.exe」的格式，其中20yy代表西元年分，mm代表月分，dd代表日期。）

04

出現視窗，點擊「...」，選擇想要解壓縮的磁碟機位置。

05

出現視窗，在指定磁碟機的根資料夾中，選擇名字叫「QSE 3000A」的新資料夾。（註：「QSE 3000A」的新資料夾須由用戶自行新增建立。）

06

點擊「確定」。

07

出現視窗，確認檔案解壓縮後所儲存的資料夾位置後，點擊「Extract」。

08

解壓縮後，到 P.101 的步驟 5 選擇的資料夾內，即可看見解壓縮完成的檔案，儀器操作程式下載完成。（註：資料夾 QSE 3000A 為儀器軟體的主資料夾；可將此資料夾任意移動，但一定要 QSE 3000A 整個資料夾一起移動，不要拆開來複製或是移動，以免造成儀器軟體的不正常；也可直接在解開壓縮檔的資料夾中執行儀器軟體，並不一定要移動它；關於儀器軟體的設定步驟，請參考 P.103 的儀器操作程式的安裝。）

② 儀器操作程式的安裝

◆ 須使用Windows作業系統

用戶可以Windows作業系統的任何品牌筆記型電腦或桌上型電腦，進行儀器軟體的安裝，但不建議使用比Windows10版本還舊的Windows作業系統來安裝儀器操作程式。

◆ 須具備Framework副程式

如果想使用Windows-XP作業系統的電腦進行安裝，須確定電腦已安裝「Framework」這個副程式。如果用戶還沒安裝或不確定是否已安裝過Framework，可以連上Microsoft的網站免費下載，要是已經安裝過這個副程式，Windows會以快顯視窗告訴用戶。

至於Windows7版本的作業系統，理論上不用再安裝Framework（已內含），但如果儀器程式無法順利執行的話，用戶還是可以試著安裝Framework修補程式。

太久沒更新作業系統的Windows-XP用戶，比較需要額外安裝Framework

不是每位使用Windows-XP的用戶，都需要額外安裝Framework，而是Windows-XP已太久沒更新的用戶可能會有問題。在Microsoft陸續推出的免費修補軟體Service Pack中，有些版本就已內含Framework，因此只要有一直保持Windows更新的用戶，有可能不用再額外安裝。

01

在「QSE 3000A」資料夾中找到USB驅動程式「Q.S.E. 3000_DRIVER_Setup」，並快速點擊兩下。

02

出現視窗，點擊「Extract」。

03

點擊「下一步」。

04

先點擊「我接受此合約」後，再點擊「下一步」。

點擊「完成」，USB的驅動介面程式安裝完成。（註：每部電腦只需要執行此程式一次，無須重複執行；不同時期的USB驅動程式可能不同，請與儀器經銷商進行確認。）

在QSE 3000A資料夾中找到「QSE」，並在「QSE」上按滑鼠的右鍵。

會出現選單，點擊「傳送到」中的「桌面（建立捷徑）」。

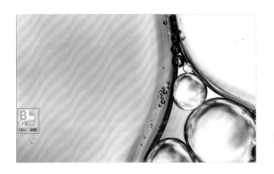

到桌面可看到「QSE」的捷徑已建立，軟體設定完成。（註：以後就可直接在桌面上執行儀器的程式。）

儀器操作程式啟動

Instrument Operation Program Start Up

1 儀器操作程式的啟動

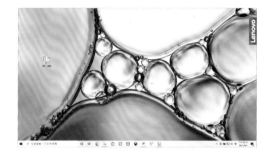

01

先將電腦開啟，等待Windows
開機完成。

02

接上連接電腦與儀器的USB
線後，並用手按下儀器面板
右上角的「On／Off」鍵（電
源開啟鍵）。

03

LCD顯示屏上，會出現
「PREPARING FOR USB」
的英文字樣。

幾秒後，LCD顯示屏上會出現「WAITING FOR USB DATA」的英文字樣，表示儀器已經準備好與電腦連接，並可準備執行電腦端的儀器操作程式。（註：此時正常情況會聽到電腦發出一聲「叮咚」，這是USB線接上電腦設備後，Windows的預設聲音，若沒聽見預設提示音，請確定電腦端的喇叭音量是否有開啟；當LCD顯示屏尚未顯示「WAITING FOR USB DATA」字樣前，請勿執行儀器操作程式，以免儀器操作有問題；若沒有出現字樣，須確認USB驅動軟體是否未正確安裝，或USB線是否沒接好，並請重新啟動電腦後，再確認儀器端是否有正常的顯示「WAITING FOR USB DATA」字樣。）

儀器軟體為標準綠色軟體，更新程式時不會影響Windows或是自己創建的資料，如果用戶還是會擔心受到影響，可請事先把儀器主資料夾內的「Data」中的「QSEDB.MDB」備份起來即可。（註：全部的資料都只在「QSEDB.MDB」這個檔案內。）

② Q.S.E. 3000型儀器軟體的啟動

01

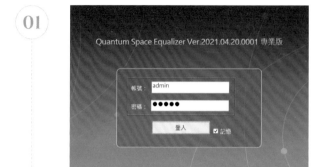

點擊「QSE」後，會出現登入畫面；程式所預設的帳號（ID）及密碼（Password）都是admin。（註：英文字母的大小寫是有區別的，請確認輸入的是小寫admin。）

02

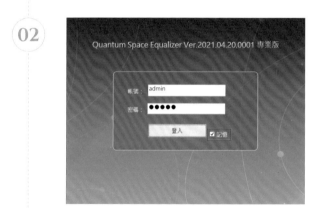

新版程式多了記憶上次登入資料的功能，只要勾選「記憶」，下一次登入時，就不用再重複輸入帳號及密碼。

03

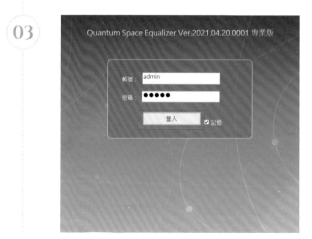

點擊「登入」，或按下鍵盤上的「Enter」鍵。

進入主程式畫面後，會出現「量子空間等化儀」的視窗，此為全新的超級宇宙防火牆功能，可點擊「暫時跳過」或等待超級宇宙防火牆功能跑完。（註：至少要讓超級宇宙防火牆功能跑一次，不要一直按「暫時跳過」；此功能可完全避免訊息互滲、病氣回打等狀況，是市面其他量子儀器所沒有的功能，也最容易被忽略的功能；每次儀器關閉時，超級宇宙防火牆功能也會同步自動關閉；當再次啟動儀器時，就會重新建立新的超級宇宙防火牆；建議用戶到一個全新的地方執行儀器時，都讓超級宇宙防火牆功能跑一次較佳。）

進入主畫面後，主畫面左上方會顯示目前的許可權，用戶可隨時點擊下拉選單，改變不同的許可權。（註：首次登入預設的許可權為admin；除非明確知道改變許可權的用意，否則不建議改動。）

06

主畫面上方會顯示目前的儀器是否連接；如果暫時無法讓儀器開機，請選擇右下角的「離開」，即可結束整個程式的運作。（註：如果用戶未接好儀器，或儀器未開機，整

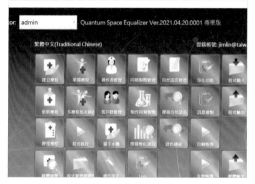

已連接

個軟體的功能都會被鎖定成無法使用的狀態，直到用戶把儀器接好且開機後，「尚未連線」的字樣才會自動消失，軟體的功能也才會自動解鎖；Q.S.E.儀器軟體只適用在有內建ID的Q.S.E. 3000型儀器，其他類似的儀器都無法與此程式相容，例如：SE-5。）

美國原型機已經內建足夠防火牆功能，為何Q.S.E.3000型要再重新建立一個呢？

原因是在臨床推廣操作的過程，發現有少數的操作者本身有特異功能而不自知，往往會在無意中翻了牆，雖然看起來沒什麼了不起，但這極有可能創造了一個病氣回打或訊息互滲的管道。

因此在新版的Q.S.E.儀器軟體，特別設計了一個堅不可破的宇宙防火牆，讓有能力翻牆的操作者，全部無法翻越，以保障所有操作者的身、心、靈安全。

ARTICLE

3

專業版與
普及版差異

Differences between the Professional Edition and
the General Edition

1 畫面的差異

　　進入儀器軟體主程式畫面後，畫面最上方會顯示軟體的版次及版本。如
果是專業版就會在右方顯示專業版的字樣，沒顯示字樣的就是一般的普及
版。（註：關於如何升級為專業版，請與你的儀器銷售商聯繫；關於儀器軟體升級專
業版的方法的詳細說明，請參考 P.113。）

若主程式畫面有顯示「專業版」的
字樣，代表軟體是專業版。

若主程式畫面沒有顯示「專業版」
的字樣，代表軟體是普及版。

2 差別說明

◆ 無向量波（Scalar Wave）

　　普及版與專業版的最大差別，就是無向量波（Scalar Wave）發射
效能的差異。

Q.S.E. 3000 型的發射效能高過 Q.S.E. 1000 型 30％，也就是強了三分之一，而 Q.S.E. 3000 型專業版又比 Q.S.E. 3000 型普及版的發射效能又提高了 1 倍。

因為 Q.S.E. 3000 型的儀器硬體（Firmware）可以透過軟體來加以控制切換，所以只要用專業版的儀器軟體，就可以讓同一部儀器的無向量波發射效能提高。

當無向量波（Scalar Wave）的發射效能提高後，整體的調整會更為深入，並不是只有效能不同而已，也就是說專業版除了可以節省調整的時間外，其調整的有效性，也會大於普及版。

◆ 功能差異

除了無向量波（Scalar Wave）的發射效能提高外，專業版裡面有些功能項目是普及版所沒有的功能項目。如果你在儀器軟體裡面發現有些功能是不能用的（灰色），表示那是屬於專業版的功能，唯有升級成專業版才能使用。

儀器軟體
升級專業版的方法

How to Upgrade the Instrument Software to the
Professional Edition

1 方法一：專業版啟動作業

在購買專業版後，用戶需要將電腦的專屬鎖定碼（電腦序號）傳到Q.S.E.的儀器公司，而公司會利用這個鎖定碼產生一個啟動檔，並讓用戶再利用這個啟動檔將自己的軟體升級成專業版，下面就是啟動的過程。

01

進入儀器軟體主畫面，點擊「關於儀器」。

出現視窗，可直接複製電腦
序號，或點擊「儲存序號」。

❶ 直接複製電腦序號，將電
　腦序號（鎖定碼）傳回公
　司，跳至 P.114 的步驟 6。

❷ 點擊「儲存序號」，進入
　下一步。

出現視窗，選擇另存新檔的
位置，並點擊「存檔」。

出現視窗，點擊「是」。

序號檔案儲存完成，再將序
號檔案傳給公司。（註：檔名
為 qsecode.qse； 可用 LINE 或
電子郵件等方式傳檔案。）

收到公司回傳的註冊檔（啟動
檔）及驗證密碼。（註：啟動
檔的檔名為 reg.key；可用 LINE
或電子郵件等方式傳檔案。）

114

回到儀器軟體的視窗畫面，點擊「×」。（註：須先關閉軟體後，再重新開啟，才能繼續升級成專業版。）

回到儀器軟體主畫面，點擊「×」。

再次點擊「QSE」，以開啟儀器軟體。

出現視窗，點擊「登入」。

出現視窗，點擊「暫時跳過」。

點擊「關於儀器」。

出現視窗，點擊「讀取專業版授權憑証」。

出現視窗，點擊專業版授權檔案「reg.key」。

點擊「開啟」。

出現視窗，輸入密碼。（註：密碼為 P.114 步驟 6 時，由公司回傳給用戶的密碼。）

(17) 點擊「輸入」。

(18) 出現視窗，點擊「確定」。

(19) 重複 P.115 的步驟 7-10，先關閉軟體後，再次開啟 QSE，會出現視窗，並點擊「暫不更新」。（註：重新再執行一次 QSE 後，儀器軟體才會升級為專業版。）

(20) 出現視窗，點擊「暫時跳過」。

(21) 進入軟體主畫面，看見上方出現「專業版」的字樣，即完成軟體升級為專業版。

② 方法二：專業版雲端授權作業

　　在購買專業版後，用戶需要將電腦的專屬鎖定碼（電腦序號）傳到Q.S.E.的儀器公司去，公司會利用這個鎖定碼來產生一個啟動檔，用戶再利用這個開機檔案來升級自己的軟體變成專業版，下面就是這個啟動的過程。

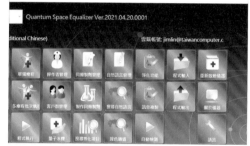

進入儀器軟體主畫面，點擊「關於儀器」。

出現視窗，確認連接儀器的電腦已連上網路後，點擊「專業版雲端授權」。

出現視窗，並將「遠端連線密碼」告訴公司，公司就可以在遠端立即升級儀器軟體為專業版。

儀器軟體的
基本資料輸入

Basic Data Input of Instrument Software

1 客戶資料的電子照片基本要求

◆ 拍攝時的規範

① 全身衣著以單色、素色為主，不要有太多花樣或是文字、動物等圖樣。

② 衣物的顏色避免是紅色系列（含粉紅色），建議客戶當天內衣褲也不要穿紅色系列。

③ 背景以單純、素色為主，不要有任何植物在照片內。

④ 請移除全身的配戴物，例如：項鍊、耳環、鼻環、舌環、唇環、臍環等，手環、戒指能移除就儘量移除。

⑤ 請勿戴帽子、圍巾、頭飾，以及身上不要有任何電子設備（無法移除者不在此限，例如：心臟起搏器）。

⑥ 拍照的姿勢不影響，但一定要拍到全身，且請不要雙手交握。

⑦ 相機請勿使用到Digital Zoom（數位變焦），以免影響訊息截取（勿超過縮放中線）。

⑧ 請使用相機可拍攝的最高像素拍攝照片。

◆ 拍攝後的規範

① 絕對不要使用任何的圖形編輯軟體編輯照片，以免影響訊息的完整性（包括調亮、去斑點、或是調整方向等修圖行為）。

② 將照片檔案重新命名（Rename）不會影響照片檔案的訊息量，因此可以進行照片檔案重新命名。

③ 拍好的照片檔案可使用 E-Mail 傳遞。

④ 請將照片儲存於儀器資料夾（QSE 3000A）的 Subject 資料夾裡，包括操作者自己的照片，因為操作者本身也要建立客戶檔。（註：請務必要養成把照片一律存放到 Subject 資料夾裡的習慣，如果隨意存放，將會導致日後找不到照片。）

2 儀器操作程式的基本設定

◆ 設定操作者

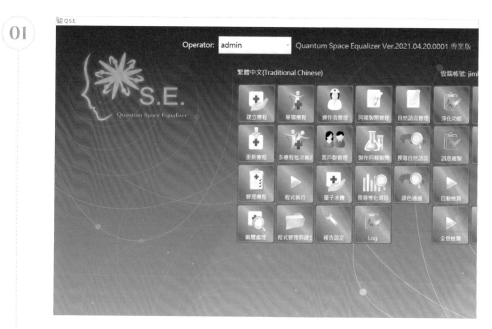

進入程式主畫面後，點擊「操作者管理」。

02

出現視窗，點擊「新建」。

03

出現新操作者欄位，可輸入First Name、Password、Login ID等資訊。（註：名字與密碼可任意取名；密碼設定完畢後，不可忘記，否則該用戶無法進入系統，尤其是擁有Administrator許可權的用戶，因為擁有Administrator許可權的用戶，可以重設其他用戶的密碼，但如果他忘了密碼，連自己都進不去，就更不可能幫別人重設密碼了。）

04

可點擊「Type」的下拉選單，選擇操作者的等級。（註：關於操作者的階級許可權等級的說明，請參考P.122。）

05

點擊「儲存」。

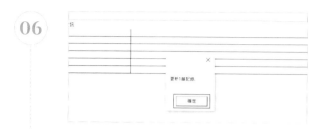

出現視窗，點擊「確定」。

新操作者設定完成。

點擊右上角的「×」，關閉視窗，可回到程式主畫面。

操作者的階級許可權等級的說明

共分為Administrator、Supervisor及Operator三個等級。

❶ Administrator：最高等級，可進行全部的閱覽及刪改。

❷ Supervisor：主管等級，可進行同等級用戶及較低等級用戶的資料閱覽及刪改。

❸ Operator：操作者等級，是最低等級。

如果儀器只有一位操作者，或未牽涉到任何隱私許可權的問題，所有的操作者請直接將Type設定為Administrator即可；並不是名字取名叫Adminstrator，就享有Administrator許可權。

◆ 設定客戶群

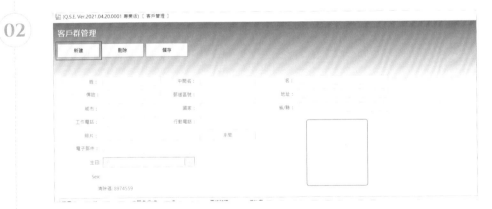

點擊「客戶群管理」。

出現視窗，點擊「新建」。（註：務必先點擊新建功能，點擊「新建」後，會出現一個完全空白欄位的表單，此時才可開始輸入資料；如果未先點擊新建功能，將有可能誤修改到現成資料，或是造成資料無法儲存。）

出現完全空白欄位的表單，並可輸入客戶的資料。（註：量子空間等化儀檢測與干預的依據只有照片，所以不會使用客戶個人資料進行任何演算法的計算；進入「客戶群管理」功能後，「Note」這一欄可填可不填，但建議盡可能填寫完整資料，資料填寫越完整，越有助於訊息的連結；如果真的資料不足，請不要勉強填入不相干的資料，以免反而造成訊息干擾。）

點擊「照片」的「瀏覽」。

出現視窗，選擇客戶的照片。（註：資料的完整性很重要，但最重要的是客戶照片；須將客戶照片存在 QSE 3000A 的 subject 資料夾中，程式才讀取的到照片；關於客戶照片的詳細說明，請參考 P.119。）

點擊「開啟」。

點擊「儲存」。

出現視窗,點擊「確定」。

新客戶設定完成,輸入的資
料已進入到儀器軟體的資料
庫(Database File)內。

點擊右上角的「×」,以關閉
視窗,可回到程式主畫面。

125

儀器軟體的
主要資料夾說明

Description of the Main Folders of the Instrument
Software

儀器軟體的主要資料夾，就是用戶下載及安裝儀器軟體時，自行建立的「QSE
3000A」資料夾（P.99的步驟5）；而以下的資料夾則是建議用戶要在「QSE
3000A」資料夾中另外新增的資料夾及其用途說明。

主要資料夾	說明
Data	是用來存放儀器軟體資料庫檔案的資料夾，裡面有一個重要的檔案，檔案名是QSEDB.mdb。如果看不到完整的檔名，也一定可以看到QSEDB的檔案名（指延伸檔名被Windows所隱藏）。（註：依照每個人 Windows 設定的不同，不一定能看到 .mdb 的字樣，但這並不影響儀器軟體的操作，只是 Windows 顯示的設定不同而已。） 所有的儀器相關資料都儲存在這個資料夾裡，因此請養成備份（Backup）這個檔案的好習慣。
Images	是用來存放儀器軟體的圖形等化檔案的資料夾，裡面已經有許多的等化圖形檔，每一個圖形有不同的功能，為印度的某位大師所創的學派。 目前甚少使用此一圖形等化的功能，但儀器仍然保留此功能，大家可依個人需求選用。
Languages	是用來存放儀器軟體的語言檔案（多國語言）的資料夾，如非必要，請勿修改裡面的檔案，以免影響儀器軟體的正常操作。

Log	是用來存放儀器軟體進行等化執行時的記錄檔案的資料夾,可讓用戶在事後調閱跑了哪些客戶及療程的記錄。
Report	是用來存放儀器所產生的客戶報告檔的資料夾。
RatePics	是用來存放儀器使用的等化率值照片檔的資料夾。
Subject	是用來存放儀器軟體使用的客戶照片檔案的資料夾。在這資料夾裡有一個 Water System 的資料夾,主要是用於存放鈦生量子訊息水機的樣本照片。
Sounds	是用來存放儀器軟體使用的聲音檔案的資料夾,可以讓操作者在進行等化調整時,輸出某一特定聲音到客戶的本質訊息場中。
Video	是用來存放儀器軟體使用的影音檔案的資料夾。(註:包括影片及聲音檔。)
Projects	是用來存放專案檔案的資料夾,可將一批客戶的等化執行(療程)設定存進此資料夾中,以後直接跑專案即可。
Update	這是系統用來處理主程式升級用的資料夾,請勿任意刪除。(註:並不一定會有此資料夾,但若有,請勿刪除。)

客戶資料管理

Customer Profile Management

1 客戶照片的設定

　　當設定好客戶的照片檔案後，就會在「客戶群管理」的視窗畫面中，看到已設定的照片。如果在畫面中沒有顯示已設定的那張照片，表示設定客戶群（P.123）的操作可能有問題，請重新操作，或是換張照片嘗試。如果換張照片就可顯示，但是唯有某張照片顯示不出來，就可能是那張照片的格式有問題。

2 客戶資料的更新及刪除

　　當客戶的資料新增建立後，可使用儀器操作軟體的「更新」功能進行客戶資料的修改，也可用「刪除」的功能來刪除任何客戶資料。（註：要記得客戶不一定是人，也有可能是地點、事物。）

◆ 刪除

點擊「客戶群管理」。

出現視窗，點擊欲刪除的客
戶資料。

點擊「刪除」。（註：須確認步
驟2點擊的客戶資料，顯示為
有藍色的選取狀態。）

出現視窗，點擊「確定」。
（註：點擊「確定」，這位客戶的
資料就會立即遭到刪除，而且無
法恢復；如果是誤按，只要點
擊「取消」即可。）

點擊右上角的「×」，以關閉
視窗，可回到程式主畫面，
完成客戶資料刪除。

◆ 更新修改

點擊「客戶群管理」。

出現視窗，點擊欲修改的客戶資料。

選擇到的客戶資料會立即顯示在上方的編輯區，可立即進行修改。（註：須確認步驟2點擊的客戶資料，有顯示為藍色的選取狀態。）

04

改完後，只要點擊上方的「儲存」即可。（註：修改客戶資料時，一定要注意且確定客戶的照片有出現在畫面中，有時候會因為個人的疏忽而將照片丟失，通常是照片的路徑設定錯誤。）

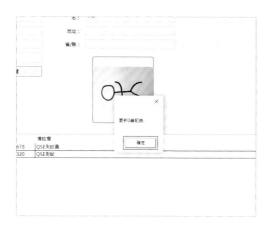

出現視窗，點擊「確定」，完成客戶資料更新修改。

點擊右上角的「×」，以關閉視窗，可回到程式主畫面。

ARTICLE
8

手動進行療程建立
Manual Treatment Creation

1 療程建立輸入

01

點擊「建立療程」。

02

出現視窗，點擊客戶的「選取」或「新建」。

❶ 點擊「選取」，進入 P.133 選取既有客戶的步驟 1。

❷ 點擊「新建」，請跳至 P.134 新建新客戶的步驟 1。

（註：「自然語言等化」、「加入等化項目」、「搜尋等化項目」、「音源檔案」、「優化設定」、「刪除記錄」、「儲存並結束」、「優化療程」這八個按鍵，須在執行完「引入端淨化」功能後，才會被啟動。）

◆ 選取既有客戶

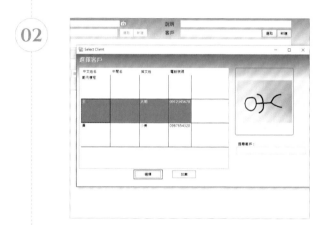

點擊欲建立療程的客戶。(註：也可在「搜尋客戶」的欄位輸入客戶姓名。)

點擊「選擇」。

客戶選取完成。

♦ 新建新客戶

01

出現視窗，點擊「新建」。

02

輸入客戶資料。

03

點擊「瀏覽」，可選擇客戶照片。（註：選擇客戶照片的詳細步驟，請參考P.124的步驟4-6。）

04

點擊「儲存」。

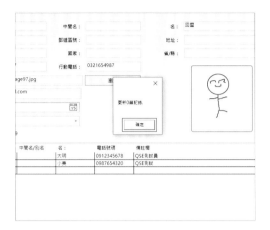

出現視窗，點擊「確定」。

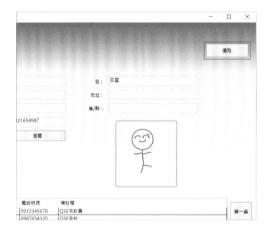

點擊「選取」。

客戶選取完成。

2 繼續建立療程的基本設定

01 承 P.132 的步驟 2，客戶選取完成後，設定操作者。（註：療程中會應用到的操作者資料，須事先建立好，關於設定操作者的詳細說明，請參考 P.120。）

02 填寫「說明」及「療程名稱」兩個欄位。（註：如果不知道要填寫什麼，請先隨便輸入文字，可事後編輯，且填寫內容不會影響檢測、等化平衡或療程的效果，但若留白，易導致日後的資料管理困擾。）

03 點擊「引入淨化端」。

出現視窗，先檢測每個欄位的數值。（註：檢測方法請參考P.143；每一個空格都要處理，不可跳過；左邊有＋符號表示是正值，沒有＋符號是負值，正值由100.0往回測，負值由0.0往前測，每測一個值，只要不是最佳值，就須進行等化平衡。）

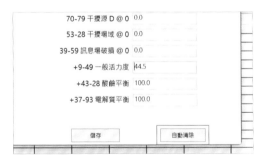

點擊「自動清除」。（註：點擊「自動清除」，系統就會自動把沒有優化的項目調整好；系統自動處理的過程有時須很久時間，如果不想繼續清除，只要點擊「停止清除」，就可以立即停止。）

點擊「儲存」。（註：如果想再確認是否已完全清除乾淨，可以再重新檢測一遍數值。）

自動跳回原療程編輯畫面，點擊「音源檔案」。（註：此時「自然語言等化」、「加入等化項目」、「搜尋等化項目」、「音源檔案」、「優化設定」、「刪除記錄」、「儲存並結束」、「優化療程」這八個按鍵會自動啟動；如果有正確進行引入端淨化，會發現原來空白的活力度欄位，會變成 100.0。）

出現視窗，勾選「等化過程中播放」及「聲音或影片路徑」。（註：新版儀器軟體已經會自動填入客戶照片路徑欄位，所以只要確定這欄有正確的客戶照片檔案設定即可。）

點擊「加入影音」。

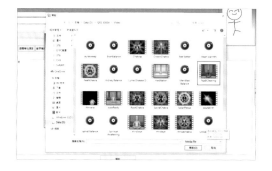

10

出現視窗，找到 Video 資料夾，然後選擇「NadiClearing.wmv」。（註：因 Windaows 設定的不同，有可能看不到 .wmv 字樣。）

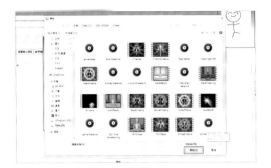

點擊「開啟」。（註：系統可播放多個影音檔，只要設定多於一個影音檔，系統會自動依照設定次序，在等化時依序播放，如果全部影音檔播放完畢，則自動循環播放。）

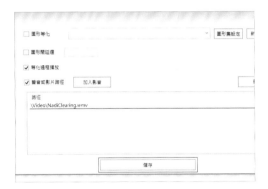

點擊「儲存」。

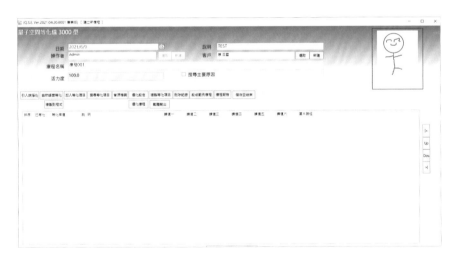

回到療程編輯畫面，完成基本的設定，即可開始準備放入療程配方。（註：療程配方可從「加入等化項目」及「自然語言等化」加入，兩者能加入的療程項目不同。）

01

點擊「加入等化項目」。

02

出現視窗，點擊「系統自動檢測專區」的「▷」。

03

出現下拉選單，點擊「引入端淨化」的「▷」。

04

出現下拉選單，勾選欲選擇的療程配方。（註：此處以「引入端淨化」為例。）

05

□ ☑ 環境淨化系統
　□ □ 淨化環境 (Initial Tests，儀器首次換地點操作必用)
　☑ ☑ 引入端淨化 (InTake Clearaces，首次檢測必跑)
　　☑ □ 引入端淨化 (InTake Clearaces)
　□ □ 操作者清除碼 (Operator Clearing Code)
　□ □ 儀器淨化 (Remove X-Ray Radiation from Q.S.E.)
□ 系統自動檢測專區
□ 中醫氣血處理系統
□ 中醫經脈穴位 (Meridians)
□ 中醫經脈穴位陰陽調理系統 (TCM Meridians Yin/Yang Testing System)
□ BHU 系列同類製劑 (Bobo Health Union Co.,Ltd, BHU Homepathic Medicine)
□ 治療相關應用項目
□ 性靈檢測方面

[Selected]

點擊「Selected」。

日期	2022/11/5		13
操作者	Admin	選取 新建
療程名稱	0011	
活力度		□ 搜

引入端淨化 | 自然語言等化 | 加入等化項目 | 搜尋等化項目 | 會源檔案 | 優化設定 | 複製等化項目 | 刪除記錄 |
複製到程式 | 優化療程 | 載體輸出 |

班率	已等化	等化率值	說明	讀值一	讀
13		+ADDRMVNOW	正向定位 (+ADDRMVNOWAM) +		
14		ADDRMVNOWA	負向定位 (ADDRMVNOWAM) -		
15		+100-0	能量純性 (Energy Purity) +		
16		13-78	A 端干擾源 (Interferences A) -		
17		29-80	B 端干擾源 (Interferences B) -		
18		50-57	C 端干擾源 (Interferences C) -		
19		70-79	D 端干擾源 (Interferences D) -		
20		53-28	環干擾鎖 (Interfering Fields) -		
21		39-59	抗害礙礙 (Barriers to Rapport) -		
22		+9-49	活力度 (Vitality) +		
23		+43-28	酸鹼平衡 (Balance Alkaline Acid) +		
24		+37-93	鹽份平衡 (Balance Sodium Chloride) +		

回到建立新療程的畫面，療程配方加入完成。

日期	2022/11/5		13
操作者	Admin	選取 新建
療程名稱	0011	
活力度		□ 搜

引入端淨化 | 自然語言等化 | 加入等化項目 | 搜尋等化項目 | 會源檔案 | 優化設定 | 複製等化項目 | 刪除記錄 |
複製到程式 | 優化療程 | 載體輸出 |

班率	已等化	等化率值	說明	讀值一	讀
13		+ADDRMVNOW	正向定位 (+ADDRMVNOWAM) +		
14		ADDRMVNOWA	負向定位 (ADDRMVNOWAM) -		
15		+100-0	能量純性 (Energy Purity) +		
16		13-78	A 端干擾源 (Interferences A) -		
17		29-80	B 端干擾源 (Interferences B) -		
18		50-57	C 端干擾源 (Interferences C) -		

點擊「自然語言等化」。

選取 新建 | 選取 新建

Word Tuning
自然語言資料庫管理
新建 | 刪除 | 儲存

分類: Head Problems | 編輯分類

說明:
[V] 說明
□ Remove the head's seborrheic dermatitis immediately.
□ Remove the stuffy nose immediately.
□ Immediately accelerate the wound healing of the line

出現視窗，點擊「分類」的下拉選單。

09

出現選單，點擊選欲選擇的
分類選項。（註：此處以「Head
Problems」為例。）

10

勾選欲選擇的療程配方。
（註：此處以「Remove the head's
seborrheic dermatitis immediately.」
為例。）

11

點擊「已選擇」。

12

回到建立新療程的畫面，療
程配方加入完成。

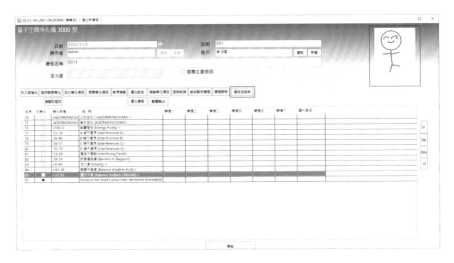

點擊「儲存並結束」，即完成手動進行療程的建立。

檢測的方法

1. 先將儀器開機，再讓儀器處於檢測模式（儀器的 LCD 顯示屏上有出現 MES 的英文字樣）。

2. 在儀器軟體上，以滑鼠游標點擊欲檢測數值的欄位空格。

3. 雙手開始在儀器上進行手動檢測，即左手手指輕轉檢測旋鈕，右手手指輕微在沾黏板上繞圈摩擦，一邊旋轉檢測旋鈕，一邊繞圈摩擦，兩手的速度要同步，直到達到共振，也就是右手手指出現沾黏感（被吸住的感覺）時，左手就立刻停止旋轉檢測旋鈕。

4. 最後，儀器 LCD 顯示屏上出現的數值，就是檢測出的數值，且此數值會同步顯示在儀器軟體的欄位上。

9

療程中的
「已等化」功能

"Equalized" Function in the Treatment

　　如果想要在療程中跳過某些項目不執行，不需要刪除這些項目，只須在療程編輯功能畫面（P.141的步驟6，或P.143的步驟13）中，把項目的「已等化」打勾即可，以方便日後想要執行這些項目時，不用再花時間去找，而只須取消勾選就好。這個功能對專精在療程研究的用戶而言，應該十分好用。關於建立療程的詳細步驟，請參考 P.132。

排序	已等化	等化率值	說　明	讀值一	讀值二
74		+ADDRMVNOW	正向定位 (+ADDRMVNOWAM) +		
75	☑	ADDRMVNOW/	負向定位 (ADDRMVNOWAM) -		
76		+100-0	能量純性 (Energy Purity) +		
77		13-78	A 類干擾源 (Interferences A) -		
78		29-80	B 類干擾源 (Interferences B) -		
79		50-57	C 類干擾源 (Interferences C) -		
80		70-79	D 類干擾源 (Interferences D) -		
81		53-28	導域干擾群 (Interfering Fields) -		
82		39-59	訊息導破損 (Barriers to Rapport) -		
83		+9-49	活力度 (Vitality) +		

在最新版軟體的療程編輯功能畫面中，會多一排可勾選的地方。

跳過項目不執行，療程時間會變短

被打勾的項目，除了不會被執行，在進行療程時間統計時，也不會加入時間計算，因此如果這裡有項目被打勾了，最後統計出的療程時間一定會變得比較短，這是正常的，無須覺得奇怪！

多療程
批次執行設定

Multi-Treatment Batch Execution Setting

ARTICLE
10

進行等化平衡前，務必先設定好一個療程，否則無法進行等化平衡。（註：只有單機運行模式不須設立療程；關於設立療程的詳細說明，請參考 P.132。）

01

點擊「多療程批次執行」。

02

出現視窗，點擊「Name」的下拉選單。

03

出現選單，點擊欲選擇的客戶名字。（註：請選擇已設定過療程的客戶；關於設定療程的詳細步驟，請參考 P.132。）

04

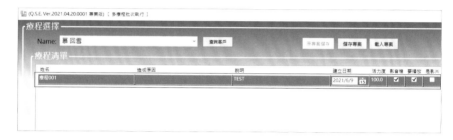

選擇欲執行的「客戶療程」。

05

依序設定「等化時間」、「延遲時間」、「等化次數」、「療程延遲間隔」等數據，或跳至下一步。（註：若不設定數據，系統會以預設值代入。）

06

點擊「新增」。

新增	刪除	執行全部等化		關閉	計算療程時間			
等化時間(秒): 17		延遲時間(秒) 3		(>=3) 等化次數: 7		療程延遲間隔: 5	(>=5)	

排序	已等化	療程名稱	療程說明	等化時間(秒)	延遲時間(秒)	等化次數	療程延遲間隔	執行時間	執行時否
10		療程001	TEST	17	3	7	5		
20		療程002	TEST2	17	3	7	5		

重複 P.145-146 的步驟 2-6，可設定多個客戶進行一次療程，或同一個客戶重複多次執行療程。（註：「多療程批次作業」彈性最高，所以一般都是執行此選項；儀器尚有其他執行選項，可依操作者的需求進行分別等化，相關細節請諮詢儀器銷售商。）

療程清單

姓名	造成原因	說明
療程002		TEST2

新增	刪除	執行全部等化		關閉

等化時間(秒): 17　　延遲時間(秒): 3　　(>=3)　等化次數: 7

設定好所有的客戶及療程後，點擊「執行全部等化」。（註：如果想知道執行療程總時長，可點擊「計算療程時間」，系統就會自動算出答案；重複點擊「計算療程時間」，將會導致系統重新歸零計算，造成用戶等待計算的時間增加。）

09

Q.S.E. Ver.2021.04.20.0001 專業版〔多療程批次執行〕(無專案)

療程清單

療程名稱　　　　　　　　　　療程說明
日期　　　　　　　　　　主要原因
客戶　　　　　　　　　　操作者

等化訊息

次數（等化次數）　　　目前處理項目　　　預計總計時間
等化率值　　　　　　　　　　預計尚需時間
說明　　　　　　　　　　延遲時間
　　　　　　　　　　療程時間
下一處理項目　　　　　　　　已執行時間

處理

開始		迴圈執行	● BAL ○ BWL ○ BWP	自動重新啟動時間 時 0 ∨ 分 0 ∨	暫停	停止

出現視窗，可勾選「迴圈執行」，將設定的療程從頭循環進行。（註：若希望系統執行一次後就停止，則不必勾選。）

點擊「開始」，就會開始進行療程。(註：只要點擊「開始」，就不能再修改此次設定；若執行後，沒有照片出現，療程不會發生作用，且須點擊「停止」，回去檢查療程的設定內容是否有誤。)

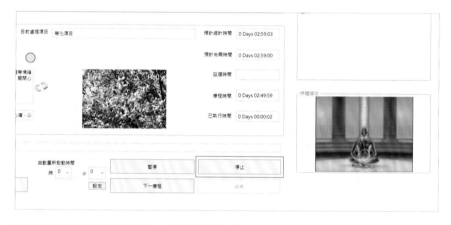

若須中斷等化平衡作業，可點擊「停止」。

停止後，可選擇點擊「開始」或「結束」。

❶ 點擊「開始」，則繼續開始療程。

❷ 點擊「結束」，則結束療程，視窗自動關閉。

多療程的
專案管理設定

Multi-Treatment Project Management Settings

如果經常對一些客戶進行等化平衡，且每次跑的療程變化並不大，就可使用專案的方式加以管理，也就是將每次要跑的療程清單先儲存起來，然後須使用時，再利用這個功能加以載入，就不需要每次都設定一次，可節省不少時間。

透過專案管理，可以進行療程資料的儲存、載入、修改後儲存等，以方便使用。

1 儲存專案

點擊「多療程批次執行」。

02

出現視窗，開始設定多療程批次作業。（註：步驟請參考P.145-146的步驟2-6；須設定好客戶、療程、等化時間、延遲時間、等化次數、療程延遲間隔等。）

03

點擊「儲存專案」。

04

出現視窗，輸入專案檔名。
（註：建議專案名稱以英文命名，盡量不要使用中文命名。）

150

點擊「存檔」。

出現視窗,點擊「確定」。

點擊「 × 」,完成專案儲存。

2 載入專案

點擊「多療程批次執行」。

出現視窗,點擊「載入專案」。

出現視窗，選擇想要載入的專案檔。（註：專案檔的格式是.pxml；專案檔須儲存在Project資料夾；儲存專案檔的詳細步驟，請參考P.149-151的步驟1-7。）

點擊「開啟」。

療程清單會自動填入資料。

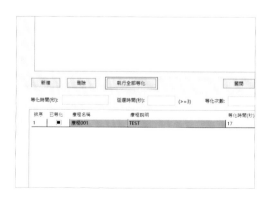

點擊「執行全部等化」，即可開始進行療程。（註：執行療程的詳細步驟，請參考P.147-148的步驟8-12。）

多療程的
專案執行時段設定

Multi-Treatment Project Execution Time-Session
Setting

1 多療程執行時段設定

當有些特別的療程，需要在某個時段進行，而不是照次序進行，就可利用儀器軟體的執行時段控制功能達到目的，而儀器軟體的執行時段總共劃分為三個時段：清晨、白天、晚上。（註：清晨是指00：01 ～ 08：00；白天是指08：01 ～ 16：00；晚上是指16：01 ～ 24：00。）

01

點擊「多療程批次執行」。

02

出現視窗，開始設定多療程批次作業。（註：步驟請參考 P.145-147 的步驟 2-7；須設定好客戶、療程、等化時間、延遲時間、等化次數、療程延遲間隔等。）

03

把療程新增到下面的清單後，點擊該療程「執行時段」的空格 2 下。（註：執行時段的預設是空白，代表不限定執行時間，只要排程到就會立即執行。）

04

出現下拉選單圖樣，點選「ˇ」。

05

出現下拉選單，即可選擇時段。（註：不要將全部療程都誤設成同一時段；若設定執行時段後，排程排到但時段不對，則該療程將不會被執行。）

06

時段選擇完成，可進行其他設定，或開始療程。

適合設定執行時段的療程

建議只設定特殊療程的執行時段，例如：跑該療程會造成身體不舒服、
干擾睡眠或是在特定時段執行時效果會較好的療程。一般用途的療程
不必特別設定執行時段，這樣才不會因為設定錯誤，而沒有任何療程
被執行（因為時段不對）。

② 多療程執行順序設定

點擊「多療程批次執行」。

出現視窗，開始設定多療程批次作業。（註：步驟請參考 P.145-147 的步驟 2-7；
須設定好客戶、療程、等化時間、延遲時間、等化次數、療程延遲間隔等。）

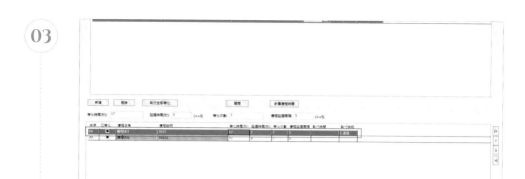

把療程新增到下面的清單後，選擇欲移動排程順序的療程。

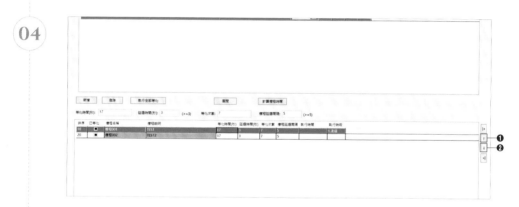

可點擊畫面右側的❶「↑」或❷「↓」，將被選取的療程往上或往下移動，以調整療程執行的順序。

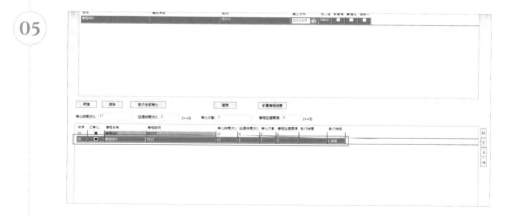

療程執行順序調整完成。

③ 專案管理下的療程不執行設定

點擊「多療程批次執行」。

出現視窗，開始設定多療程批次作業。（註：步驟請參考 P.145-147 的步驟 2-7；須設定好客戶、療程、等化時間、延遲時間、等化次數、療程延遲間隔等。）

把療程新增到下面的清單後，勾選療程中「已轉化」，表示開始執行全部等化時，暫時不執行該療程項目。

在新版軟體新增了療程清單中，某些療程可以設定不被執行，這樣就不用把療程新增進來後，因為暫時不需要而刪了它，而日後有需要時又得再加入一次的麻煩！這裡的設計概念，與療程編輯中設定某些項目暫時不執行是一樣的。

訊息淨化功能

Information Purification Function

淨化功能是一個非常特別的功能，是用來中和任何物質上的不正常訊息附著。美國原型機沒有淨化功能，只有在Q.S.E. 3000型專用的軟硬體中才有。（註：美國原型機在開機時所進行的簡單自我淨化，與這裡的完整物件淨化，是完全不同的功能。）

不建議淨化的物品

基本上，差不多萬物（包括人）都可以透過淨化功能，進行必要的淨化，但是像一些宗教物品，就不建議使用淨化功能，否則有可能會移除裡面的宗教相關訊息，例如：高人的加持；如果是符咒類的物品，也不適合進行淨化，除非目的就是要清掉它。

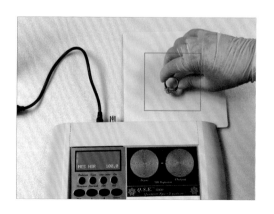

先將檢測板與儀器、電腦連接，再將欲淨化的物品放在延伸檢測板上。

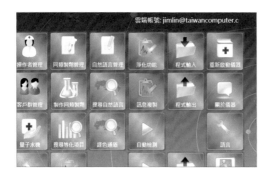

點擊「淨化功能」。

出現視窗，點擊「確定」。

出現視窗，點擊「確定」。

出現視窗，可選擇點擊「淨化」或「循環淨化」。

❶ 點擊「淨化」，進入P.160的「淨化」步驟1。

❷ 點擊「循環淨化」，跳至P.160的「循環淨化」步驟1。

1 淨化

開始進行淨化，可選擇點擊「停止」或等淨化完成。

❶ 點擊「停止」，使淨化停止。

❷ 等淨化完成，進入下一步。

視窗顯示「淨化完畢！」的字樣後，可選擇點擊「關閉」或「再淨化」。（註：淨化進度條會呈現已完整跑完的狀態。）

❶ 點擊「關閉」，回到程式主頁。

❷ 點擊「再淨化」，重複上一步驟。

2 循環淨化

開始進行循環淨化，可選擇點擊「停止」。（註：只要不點擊「停止」，系統就會不斷進行淨化。）

視窗顯示「淨化完畢！」的字樣後，即可點擊「關閉」，回到程式主頁。

訊息複製功能

Information Duplicate Function

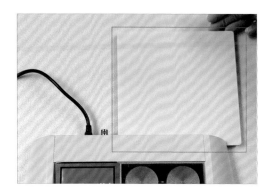

將延伸檢測板與電腦、機器連接。

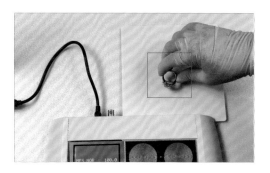

將欲複製訊息的物品放在延伸檢測板上。

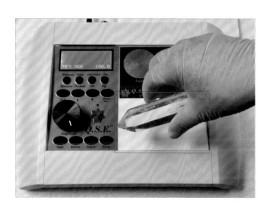

將欲接收複製訊息的物品放在沾黏板上。

04

點擊「訊息複製」。

05

出現視窗，點擊「確定」。

06

出現視窗，點擊「確定」。
（註：預設為 BAL，而 BWL 及
BWP 為冷光條輸出用，平時比
較少用。）

出現視窗，點擊「確定」。

開始進行訊息複製，此時儀器會將位於延伸檢測板上物品的訊息，複製到沾黏板上的物品上。（註：訊息承載能力，與物品本身有關，無法保證訊息能永久存在於物品上面。）

訊息複製完成後，點擊「結束」，就會回到程式主頁。

自動檢測

Automatic Measure

自動檢測功能是可以將樣本（例如：電子照片）與所選擇的資料庫進行自動比對的功能。

1 自動檢測功能的介面介紹

01

進入程式主頁，點擊「自動檢測」。

02

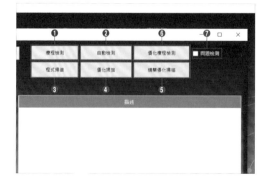

出現視窗，可選擇勾選「問題檢測」，或點擊「療程檢測」、「自動檢測」、「程式掃描」、「優化掃描」、「精簡優化掃描」、「優化療程檢測」。

❶ **療程檢測**：可檢測療程內容與用戶的偏墜為何，以追蹤用戶是否依然需要療程內的項目及療程對客戶的適合性。一般會建議療程跑一週或兩週後，執行一次療程檢測，可看出客戶的恢復情況，讓用戶可修改療程來節省調理時間。一般在跑完「療程檢測」後，會直接把檢測結果轉成新的療程，再改跑新的療程，因此專業療癒者（例如：醫生）會頻繁使用此功能。

❷ **自動檢測（等化項目檢測）**：可檢測用戶所選定的等化項目與用戶的偏墜為何，以編製適合客戶的療程。此功能是用來掃描客戶需要哪些項目。掃描後的結果，一樣可以轉成療程來對治。（註：詳細步驟請參考P.166。）

❸ **程式掃描**：可檢測用戶所選定的程式與用戶的偏墜為何，以提供用戶執行程式的參考。

❹ **優化掃描**：可檢測用戶所選定的優化項目與用戶的偏墜為何，以提供用戶執行優化的參考。從此功能查出的項目，可建議客戶直接去雲端執行。

❺ **精簡優化掃描**：檢測用戶所選定的優化項目與用戶的偏墜為何，但只會先掃描大綱，找出偏墜最大的大綱後，僅掃描該大綱內的子項目，因此掃描時間很短，掃描到的項目會較少，也是提供執行優化的參考。

❻ **優化療程檢測**：可以檢測優化療程或優化設定與用戶的偏墜為何，以追蹤用戶是否依然需要優化項目。一般會建議療程跑一週或兩週後，執行一次優化療程檢測，可看出客戶的恢復情況，讓用戶可修改優化項目的數量，來節省調理時間。一般在跑完「優化療程檢測」後，會直接把檢測結果轉成新的優化項目，再改跑新的優化項目設定，因此專業療癒者（例如：醫生）會頻繁使用此功能。

❼ **問題檢測（可勾選）**：在進行檢測或是掃描前，可任意輸入自然語言，去凌駕事先設定在儀器軟體內的命令。只要在掃描或檢測前，將此功能打勾，則在開始啟動功能前，會彈出另一個視窗，讓用戶可輸入自己想使用的自然語言命令。（註：儀器軟體內的命令，僅是檢查客戶的身體健康；設定問題檢測的詳細步驟，請參考P.171。）

2 自動檢測流程

進入程式主頁，點擊「自動檢
測」。

出現視窗，點擊「選擇客戶」。

出現視窗，點擊欲選擇的客
戶。（註：建立客戶的詳細步
驟，請參考 P.123。）

點擊「選擇」。

05

點擊「自動檢測」。（註：如果需要輸入自然語言命令，請記得勾選「問題檢測」；關於問題檢測功能介紹，請參考 P.171。）

06

出現視窗，點擊「程式」的下拉選單。（註：程式代表資料庫中的等化項目，預設為場域淨化系統。）

07

出現下拉選單，點擊欲檢測的等化項目。（註：此以「治療相關項目」為例。）

08

點擊「副程式1」的下拉選單。（註：副程式代表等化項目往下的細項分類層級。）

出現下拉選單，點擊欲檢測的
等化項目。（註：此以「食材類」
為例。）

重複步驟8-9，在副程式2至副程式5的選單中選擇欲檢測的細項。

可在描述欄位，❶ 連續點擊
兩次欲勾選的項目，或 ❷ 點
擊「全選」。（註：點擊「不選」，
可取消所有已勾選的項目；左
側為待選項目，右側為已選項
目，選擇數量沒有限制，但是
一次選擇太多項目，將會導致
掃描時間拉長。）

選好項目後，點擊「加入」。
（註：可在左側的項目慢慢打勾，
再點擊「加入」；或是直接點擊
左上方的「全選」，再點擊「加
入」；或直接點擊中間的「全選
加入」。）

被選擇的項目移動到右側的描述欄位後，點擊「執行檢測」。（註：可以不斷切換程式及副程式，把程式裡面的項目從左邊搬到右邊，項目的數量沒有限制，可以依照自己的需求來選擇；建議每次掃描兩百項左右，最多建議一次不超過五百個項目。）

出現視窗，點擊「開始」。（註：若在P.167的步驟5時，有勾選「問題檢測」，則會先跳出P.171的問題檢測畫面。）

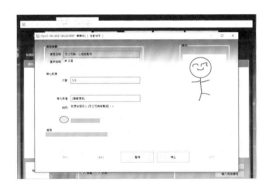

開始進行掃描。（註：以上為自動檢測的操作流程，其餘的療程檢測、程式掃描、優化掃描、精簡優化掃描、優化療程檢測的功能流程，都大同小異；檢測時，要記得手動把掃描的視窗畫面放到最大，不要讓畫面的背景與前景重疊。）

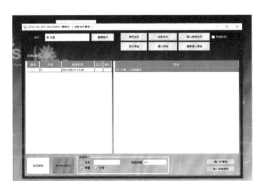

掃描結束後，會自動回到P.164的步驟2的視窗，自動檢測完成。（註：接下來可選擇使用儲存檢測報告、轉入療程或警示項目比對的功能；關於另存檢測報告的詳細說明，請參考P.175。）

◆ 轉入療程功能

承 P.169 的步驟 16，點擊兩次選取掃描記錄，就可以選取記錄。

取消「失衡」的勾選。

可選擇點擊「轉入新療程」或「轉入現有療程」。

❶ 點擊「轉入新療程」，跳至步驟 M101。

❷ 點擊「轉入現有療程」，跳至步驟 M201。

Method01　點擊「轉入新療程」

M101

跳出建立新療程視窗，點擊「引入淨化端」，繼續建立新療程。（註：關於繼續建立療程的基本設定的詳細說明，請參考 P.136。）

Method02　點擊「轉入現有療程」

M201

跳出療程列表視窗，點擊任一個現有的療程。

M202

點擊「加入」。

排序	已轉化	轉化率值	說明	讀值一	讀值二	讀值三
1		+31-33.9	冬青 (Holly，感覺不到愛，心中常被嫉羨、憎恨、猜忌			
2		+19.25-43.75	龍芽草 (Agrimony，因外在的爭執與掩飾而感到心痛。			
3		+34.1-34.5	荊豆 (Gorse，生命停滯、內心感到無助與絕望，對周遭			
4		+469901	荊豆 (Gorse，生命停滯、內心感到無助與絕望，對周遭			
5		+24.6-36.5	龍芽草 (Agrimony，因外在的爭執與掩飾而感到心痛。			
6		+30.8-42.5	白楊 (Aspen，模糊的、莫名原因的無懼和恐懼，憂鬱有			
7		+44.9-49	石楠 (Heather，自我中心，有說不完的故事，無法耐			
8		+19.3-26	龍膽草 (Gentian，對生命抱持負面或懷疑的態度，面對			
9		+567771	石楠 (Heather，自我中心，有說不完的故事，無法耐			
10		+700024	榆樹 (Elm，期許過高，覺付能力突然喪失，需覺工作非			
11		+554545	冬青 (Holly，感覺不到愛，心中常被嫉羨、憎恨、猜忌			
12		+32-34	忍冬 (Honeysuckle，逃避現實，耽於過去美好的時光中			
13		+909011	忍冬 (Honeysuckle，逃避現實，耽於過去美好的時光中			
14		+38.4-33.5	角樹 (Hornbeam，對生活工作與例行規範，了無新意			
15		+564455	角樹 (Hornbeam，對生活工作與例行規範，了無新意			
16		+58.4-38	鳳仙花 (Impatiens，沒耐心、急性子，容易煩躁不安。			
17		+564443	鳳仙花 (Impatiens，沒耐心、急性子，容易煩躁不安。			
18		+42.8-40	石楠 (Heather，自我中心，有說不完的故事，無法耐			
19		+48.8-55	栗樹芽苞 (Chestnut Bud，無法從錯誤中學習，經常犯			
20		+445562	白楊 (Aspen，模糊的、莫名原因的無懼和恐懼，憂鬱有			
21		+32.8-30.8	山毛櫸 (Beech，無法容忍別人不同的做法和行為，不斷			

M203

跳出建立新療程視窗，即完
成療程的建立。（註：關於建
立療程的的詳細說明，請參考
P.132。）

勾選問題檢測功能示範

只要先勾選「問題檢測」，再點擊「自動檢測」、「優化療程檢測」、
「程式掃描」、「優化掃描」或「精簡優化掃描」，就能在進入任何檢
測或掃描前，先跳出以下畫面。

出現此畫面後，即可開始輸入自然語言命令，而自然語言命令範例包含：

❶ 搜尋導致財務障礙的相關治療 XX 方案。

❷ 搜尋導致頭痛的相關治療 XX 方案。

❸ 搜尋導致肺癌的相關治療 XX 方案。

若是進行掃描等化，就將以上範例的句子中的XX代入「等化」；而若
是進行掃描優化，就將以上範例的句子中的XX帶入「優化」。

③ 警示項目報告比對功能

如果同時勾選兩個以上的檢測紀錄，會自動進入警示項目報告的比對功能。

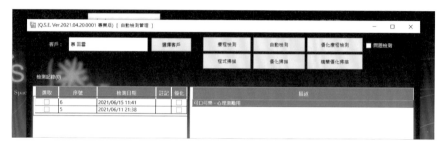

重複 P.166 的步驟 1-4 後，選取兩筆以上檢測記錄。（註：使用此功能的前提是選取的記錄須是相同的項目內容及排列順序，才能比對出篇墜不大，但可能是真正的阻塞點，所以針對這類的警示項目進行調整，可以加速整體的調理速度。）

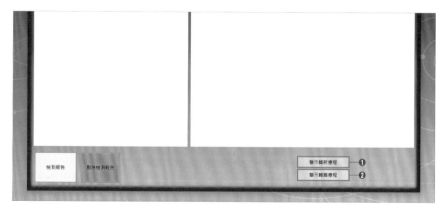

畫面右下角的按鈕會變成「警示轉新療程」及「警示轉就療程」。（註：此功能會把勾選的檢測記錄內容進行比對，把檢測的讀值沒有變化的項目用紅線框起來，代表此為警示項目；如果此次的檢測沒有的警示項目，此項功能將不會出現。）

❶ 點擊「警示轉新療程」，可在確實有警示項目時，將警示項目轉成新療程。（註：關於轉入新療程的說明，請參考 P.170。）

❷ 點擊「警示轉舊療程」，可在確實有警示項目時，將警示項目加入既有的舊療程。（註：關於轉入現有療程的說明，請參考 P.170。）

ARTICLE

16

關於檢測報告與
報告檔頭設定

About Test Report and Report Header Setting

自動檢測管理功能中，可以將檢測的結果輸出成一個PDF檔，以供日後參考。如果是剛檢測完，在剛檢測完的項目會自動有藍框，標示出新出爐的檢測記錄，因此很容易辨認，如果還是搞不清楚，可以看上面的檢測日期及時間來判斷。（註：因為檢測記錄隨時可以輸出成報告，不會消失，所以不必檢測完就一定要立即輸出報告。）

1 檢測報告的相關資料設定

進入主畫面，點擊「報告設定」。

出現視窗，點擊「載入圖形」。

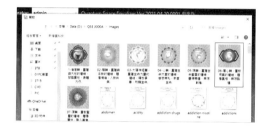

出現視窗，選擇欲設定成 logo 的圖片。

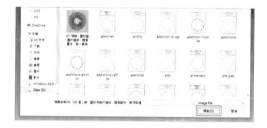

點擊「開啟」。

logo 圖片載入完成，並可自由設定欲顯示的表頭、客戶資料及表尾等。

點擊「儲存」。

出現視窗，點擊「確定」。

點擊❶「離開」或❷「×」，回到主畫面，檢測報告的相關資料設定完成。

② 輸出檢測報告

自動檢測的結果出現後，可點擊兩次來選取掃描記錄，以勾選想存成報告的記錄。
(註：自動檢測的流程的詳細步驟，請參考P.164。)

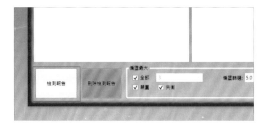

點擊「檢測報告」。

出現視窗，先❶ 輸入報告的檔案名稱，再❷ 點擊「存檔」。
(註：檢測報告檔案都會存在儀器主資料夾下的Report資料夾裡。)

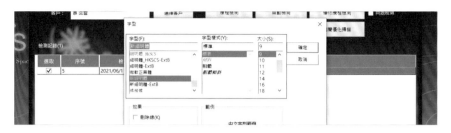

04

出現視窗，可選擇字型、字型樣式、大小。（註：如果你的字型名稱是顯示非中文，表示你的 Windows 並不是真正以中文為預設內碼，因此須選擇正確的中文字型，才能夠輸出含有中文內容的報告，至於你的系統有哪個字型是中文字型，請詢問你所在地的華人電腦商戶；如果你輸出的報告是空白，或是有部分的中文字顯示不出來，代表你選到了不含中文的英文字型。）

05

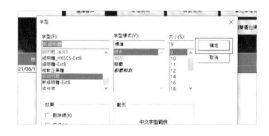

點擊「確定」。

06

檢測報告存檔完成。（註：檢測報告為PDF檔，須安裝PDF瀏覽器或的網頁瀏覽器，才能成功開啟檢測報告。）

不需要一直重新產生檢測報告

檢測報告一旦產生過，就會自動存檔在Report資料夾裡，因此可使用Windows的檔案管理功能，直接去Report資料夾裡去查閱之前產生過的檢測報告，而不需要一直重新產生檢測報告。

同類製劑的製作

Production of Homeopathic Remedy

1 使用實體樣本，製作具有勢能的訊息水

01

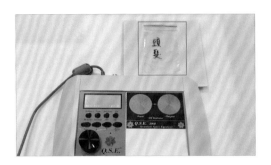

將患者的樣品放在延伸檢測板上。（註：樣品可以是頭髮或實體照片等物品；須事先將儀器及電腦連接。）

02

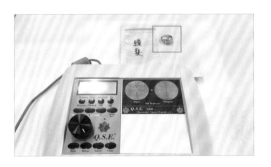

將準備用來製作同類製劑的樣品放在延伸檢測板上。（註：樣品可以是母酊液或任何物質。）

03

準備一杯或一瓶水備用。（註：建議使用鈦生量子訊息水機的水；關於量子訊息水機的說明，請參考 P.238。）

進入程式主畫面,點擊「製作
同類製劑」。

出現視窗,在輸入製劑名稱
的欄位輸入「Nosode X」。

透過儀器上的檢測旋鈕及沾
黏板詢問宇宙大智慧,查出
患者需要的勢能數值。(註:
須放置患者的實體樣本在延伸
檢測板上;詢問宇宙大智慧的
方法,請參考 P.181。)

將步驟6查出的數值,輸入
到X的前面。(註:假如數
值是14.4,就將製劑名稱改為
Nosode14.4X;也可以自行輸出
任何勢能數值的同類製劑,並沒
有一定要問宇宙大智慧。)

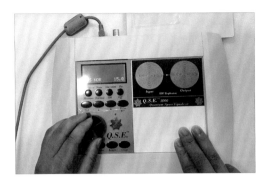

08

透過儀器上的檢測旋鈕及沾黏板詢問宇宙大智慧，查出製作同類製劑需要的時間。（註：詢問宇宙大智慧的方法，請參考 P.181。）

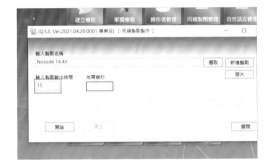

09

將步驟8查出的時間，輸入在「輸入製劑輸出時間」欄位。（註：製劑的時間一定要是整數，不可有小數點，如果查出的數值是14.5秒，只能輸入14或15，否則會有錯誤的訊息出現。）

10

電腦端輸入好後，請將檢測旋鈕轉到100.0，然後按儀器上的「Balance」鍵一下，讓儀器進入等化模式。

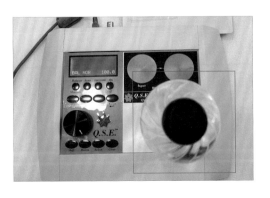

11

確定儀器的LCD顯示屏左下角顯示BAL後，就可把P.177的步驟3的備用水放到沾黏板上。（註：LCD顯示屏一定要有顯示BAL，此處須再三確認。）

點擊電腦端的「開始」。

可看到螢幕上的一條綠色顯示條越來越長，代表正在寫出訊息到沾黏板上。

訊息寫出完畢。

訊息寫出完畢後，就可以把水及延伸檢測板上的樣品拿走，具有勢能的訊息水製作完成。（註：重複不斷的寫出同一訊息到水裡，並不會讓水的勢能增加，但如果想多寫幾次也無妨。）

詢問宇宙大智慧的方法

❶ 先將儀器開機，再讓儀器處於檢測模式（儀器的 LCD 顯示屏上有出現 MES 的英文字樣）。

❷ 在電腦軟體上，以滑鼠游標點擊欲詢問數值的欄位空格。

❸ 在心中默念：「請問宇宙大智慧，需要設成什麼勢能？」或「請問宇宙大智慧，需要設成什麼時間？」

❹ 雙手開始在儀器上進行手動檢測，即左手手指輕轉旋鈕，右手手指輕微在沾黏板上繞圈摩擦，一邊旋轉旋鈕一邊繞圈摩擦，兩手的速度要同步，直到達到共振，也就是右手手指出現沾黏感（被吸住的感覺）時，左手就立刻停止旋轉旋鈕。

❺ 最後，儀器 LCD 顯示屏上顯示的數值，就是詢問宇宙大智慧後得到的檢測數值，且此數值會同步顯示在電腦軟體的欄位上。

2 使用電子照片，製作具有勢能的訊息水

01

將準備用來製作同類製劑的樣品放在延伸檢測板上。（註：樣品可以是母酊液或任何物質；須事先將儀器及電腦連接。）

另外再準備一杯或一瓶水備用。（註：建議使用鈦生量子訊息水機的水；關於量子訊息水機的說明，請參考 P.238。）

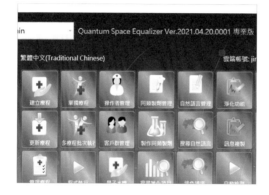

進入程式主畫面，點擊「製作同類製劑」。

出現視窗，在輸入製劑名稱的欄位輸入「Nosode X」。

點擊「照片」。

出現視窗，點擊欲使用的樣本照片。

點擊「開啟」。

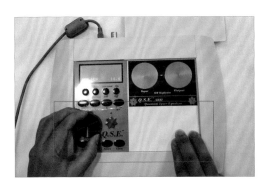

照片設定完後，就可透過儀器上的檢測旋鈕及沾黏板詢問宇宙大智慧，查出患者需要的勢能數值。（註：不須再放置患者的實體樣本；詢問宇宙大智慧的方法，請參考P.181。）

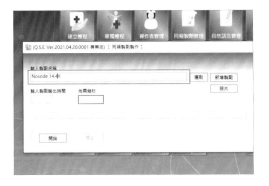

將步驟8查出的數值，輸入到X的前面。（註：假如數值是14.4，就將製劑名稱改為Nosode14.4X。）

透過儀器上的檢測旋鈕及沾黏板詢問宇宙大智慧，查出製作同類製劑需要的時間。（註：詢問宇宙大智慧的方法，請參考 P.181。）

將步驟 10 查出的時間，直接輸入在「輸入製劑輸出時間」欄位。（註：製劑的時間一定要是整數，不可有小數點，如果查出的數值是 14.5 秒，只能輸入 14 或 15，否則會有錯誤的訊息出現。）

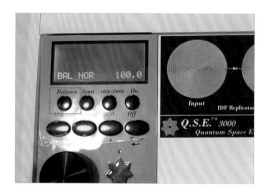

電腦端輸入好後，請將檢測旋鈕轉到 100.0，然後按儀器上的「Balance」鍵一下，讓儀器進入等化模式。

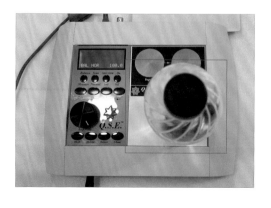

確定儀器的 LCD 顯示屏左下角顯示 BAL 後，就可以把 P.182 的步驟 2 的備用水放到沾黏板上。（註：一定要有顯示 BAL，此處須再三確認。）

點擊電腦端的「開始」。

可看到螢幕上的一條綠色顯示條越來越長，代表正在寫出訊息到沾黏板上。

訊息寫出完畢。

訊息寫出完畢後，就可以把水及延伸檢測板上的樣品拿走，具有勢能的訊息水製作完成。（註：重複不斷的寫出同一訊息到水裡，並不會讓水的勢能增加，但如果想多寫幾次也無妨。）

③ 不使用特定物品，製作具有勢能的訊息水

製作同類訊息時，如果使用無放置樣品操作，所製作的同類製劑名稱（任何語文皆可）必須是已經存在且為人所皆知的製劑名稱，如果此同類製劑的名稱不存在，或很少人知道，那麼製作出的同類訊息產品有可能效果不佳。

以下為製作無特定物件的固定勢能同類製劑的操作方法，並以烏頭（Aconite Napellus）為例。

將準備用來製作勢能的「Aconite Napellus（烏頭）樣品」放在延伸檢測板上。（註：有無樣品皆可；須事先將儀器及電腦連接。）

另外再準備一杯或一瓶水備用。（註：建議使用鈦生量子訊息水機的水；關於量子訊息水機的說明，請參考 P.238。）

進入程式主畫面，點擊「製作同類製劑」。

04

出現視窗，在輸入製劑名稱的欄位輸入「Aconite Napellus 10X」。

05

透過儀器上的旋鈕及沾黏板詢問宇宙大智慧，查出製作同類製劑需要的時間。（註：詢問宇宙大智慧的方法，請參考P.181。）

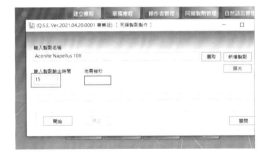

06

將步驟5查出的時間，直接輸入在「輸入製劑輸出時間」欄位。（註：製劑的時間一定要是整數，不可有小數點，如果是14.5秒，只能輸入14或15，否則會有錯誤的訊息出現。）

07

電腦端輸入好後，請將檢測旋鈕轉到100.0，然後按儀器上的「Balance」鍵一下，讓儀器進入等化模式。

08

確定儀器 LCD 顯示屏的左下角顯示 BAL 後，就可以把 P.186 的步驟 2 的備用水放到沾黏板上。（註：一定要有顯示 BAL，此處須再三確認。）

09

點擊電腦端的「開始」。

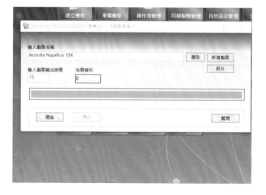

10

可看到螢幕上的一條綠色顯示條越來越長，代表正在寫出訊息到沾黏板上。

11

訊息寫出完畢。

（12）

訊息寫出完畢後，就可以把水及延伸檢測板上的樣品拿走，具有勢能的訊息水製作完成。（註：重複不斷的寫出同一訊息到水裡，並不會讓水的勢能增加，但如果想多寫幾次也無妨；以上操作方法是不特定對象的同類製劑，所以延伸檢測板不須放置任何實體樣本。）

有無使用樣品製作同類製劑，不影響功效

製作同類訊息時，有無放置樣品在檢測板上，並不影響整個訊息水的輸出作業。根據實際使用經驗，就算檢測板上並無放置任何樣本來製作同類訊息產品，此同類製劑的功效與有使用樣品製作的同類製劑功效，很難判別出差異。

降低已具有勢能的同類訊息水操作方法

以下為無特定物件的固定勢能同類製劑的操作方法，並以烏頭（Aconite Napellus）為例。

（01）

將準備用來降低勢能的「Aconite Napellus（烏頭）同類製劑樣品」放在延伸檢測板上。（註：須事先將儀器及電腦連接。）

進入程式主頁，點擊「淨化功能」。

出現視窗，點擊「確定」。（註：這是一個警告訊息，用來避免任何誤刪的動作。）

出現視窗，點擊「確定」。（註：這是進行第二次的確認。）

點擊「淨化」，就會開始清除放在檢測板上的「Aconite Napellus（烏頭）同類製劑樣品」的訊息。

06

淨化完成，點擊「關閉」，同類製劑的訊息清除完成。（註：此時可針對已被清除的同類製劑進行另外的訊息寫出處理，可輸出同樣的是 Aconite Napellus（烏頭）的訊息，或輸出另外一種不同的訊息；關於製作具有勢能的訊息水的詳細說明，請參考 P.177。）

5 ## 如何將資料庫內的項目輸出，成為同類製劑（母酊液）

01

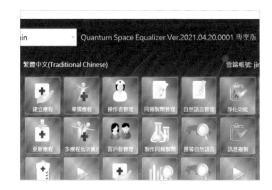

進入程式主頁，點擊「建立療程」。（註：須事先將儀器及電腦連接。）

02

出現視窗，點擊「選取」，以選取樣本讀自延伸檢測板的客戶。（註：選取客戶的詳細說明，請參考 P.132 的步驟 2。）

選完客戶後，點擊「引入端淨化」。

出現視窗，點擊「儲存」。

回到療程編輯畫面，可點擊「加入等化項目」或「自然語言等化」。（註：「加入等化項目」和「自然語言等化」的差異，是可以選擇的項目不同。）

❶ 點擊「加入等化項目」，跳至 P.193 的步驟 1。

❷ 點擊「自然語言等化」，跳至 P.195 的步驟 1。

01

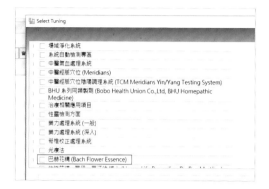

出現視窗，點擊欲輸出成為同類製劑的項目。（註：如果只是想選擇大項裡的幾個小項目，而不是要將整個大項都加進來，那就點擊項目左邊的「▷」，依次解開整個資料庫結構，到最後的等化項目欄位，就可以進行選擇，並一次性給加療程。）

02

Select Tuning

- □ 場域淨化系統
- □ 系統自動檢測專區
- □ 中醫氣血處理系統
- □ 中醫經脈穴位 (Meridians)
- □ 中醫經脈穴位陰陽調理系統 (TCM Meridians Yin/Yang Testing System)
- □ BHU 系列同類製劑 (Bobo Health Union Co.,Ltd, BHU Homepathic Medicine)
- □ 治療相關應用項目
- □ 性靈檢測方面
- □ 藥力處理系統 (一般)
- □ 藥力處理系統 (深入)
- □ 脊椎校正處理系統
- □ 光療法
- ✓ 巴赫花精 (Bach Flower Essence)

[Selected]

點擊「Selected」。

03

(Q.S.E. Ver.2021.04.20.0001 專業版) 〔建立新療程〕

量子空間等化儀 3000 型

日期	2021/6/16	15
操作者	Admin	退出	新建
療程名稱		
活力度		□ 搜

[引入磁淨化] [自然頻率等化] [加入等化項目] [搜尋等化項目] [資源檔案] [等化設定] [複製等化項目] [刪除紀錄]
[複製到程式] [等化療程] [載體輸出]

排序	已等化	等化數值	說明	標準一	標
1	□	+31-33.9	冬青 (Holly，感受不到愛，心中常被嫉妒，婚妒，猜忌		
2	□	+19.25-43.75	龍芽草 (Agrimony，對外在的爭執與拖怨市裡對的心裡		
3	□	+34.1-34.5	荊豆 (Gorse，生命絕望，內心感到無助與絕望，對電遭		
4	□	+469901	荊豆 (Gorse，生命絕望，內心感到無助與絕望，對電遭		
5	□	+24.6-36.5	龍芽草 (Agrimony，因外在的爭執與拖怨吊裡來到心裡		
6	□	+30.8-42.5	白楊 (Aspen，模糊的，莫名原因的恐懼和恐懼，害覺有		
7	□	+44.9-49	石楠 (Heather，自我中心，有說不完的的故事，無法聆		
8	□	+19.3-26	龍膽草 (Gentian，對生命持負面與悲的態度，面對		
9	□	+567771	石楠 (Heather，自我中心，有說不完的的故事，無法聆		
10	□	+700024	榆樹 (Elm，明智過重，應付能力突然原天，憂覺工作排		
11	□	+554545	冬青 (Holly，感受不到愛，心中常被嫉妒，婚妒，猜忌		
12	□	+32-34	忍冬 (Honeysuckle，緬懷眷戀，耽於過去美好的時光中		
13	□	+909011	忍冬 (Honeysuckle，緬懷眷戀，耽於過去美好的時光中		
14	□	+38.4-33.5	角樹 (Hornbeam，對生活工作負例行規範，了無新意		
15	□	+564455	角樹 (Hornbeam，對生活工作負例行規範，了無新意		

點擊兩次欲輸出的項目。

在電腦端出現視窗。

請先在儀器的沾黏板上放置好訊息載體,再點擊「開始傳送」。(註:訊息載體可以是水、液體、糖球、水晶、礦石、訊息雷射全像載體等。)

開始進行訊息傳送,此時就會將目前這個項目輸出到沾黏板上,並寫入訊息載體。(註:若發現Q.S.E.儀器端的藍色LED在閃動,表示已處於發射模式;建議Q.S.E.儀器發射的時間至少要13秒以上,時間再長不會加強什麼,也不會有任何傷害。)

若要停止發送訊息,只要點擊❶「停止等化」或❷「×」即可。(註:這完全是手動作業,因此不會自動停止。)

◆ 點擊「自然語言等化」

出現視窗，點擊欲輸出成為同
類製劑的項目。

點擊「已選擇」。

點擊兩次欲輸出的項目。

在電腦端出現視窗。

請先在儀器的沾黏板上放置好訊息載體，再點擊「開始傳送」。（註：訊息載體可以是水、液體、糖球、水晶、礦石、訊息雷射全像載體等。）

開始進行訊息傳送，此時就會將目前這個項目輸出到沾黏板上，並寫入訊息載體。（註：若發現 Q.S.E.儀器端的藍色LED在閃動，表示已處於發射模式；建議 Q.S.E.儀器發射的時間至少要13秒以上，時間再長不會加強什麼，也不會有任何傷害。）

若要停止發送訊息，只要點擊❶「停止等化」或❷「×」即可。（註：這完全是手動作業，因此不會自動停止。）

萬物轉入資料庫內

Everything is Converted Into the Database

此功能可用來將任何物件掃描、轉換成等化率值（進入資料庫，供以後使用）。

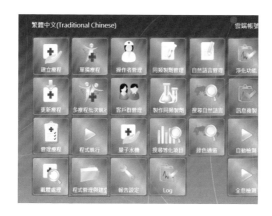

進入程式主頁，點擊「程式管理與建立」。

出現視窗，點擊「新建」，開始建立一個新程式的樹狀結構。（註：儀器軟體的邏輯，都是必須先新建，然後才可開始輸入資料。）

在最下方會多出一個白色的空行，且處於被選取的藍色狀態。

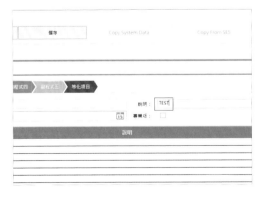

在「作者」欄位輸入姓名。(註：所有資料事後都可進行修改，因此亂填也不怕，但一定要填，不可留白。)

在「說明」欄位輸入說明文字。

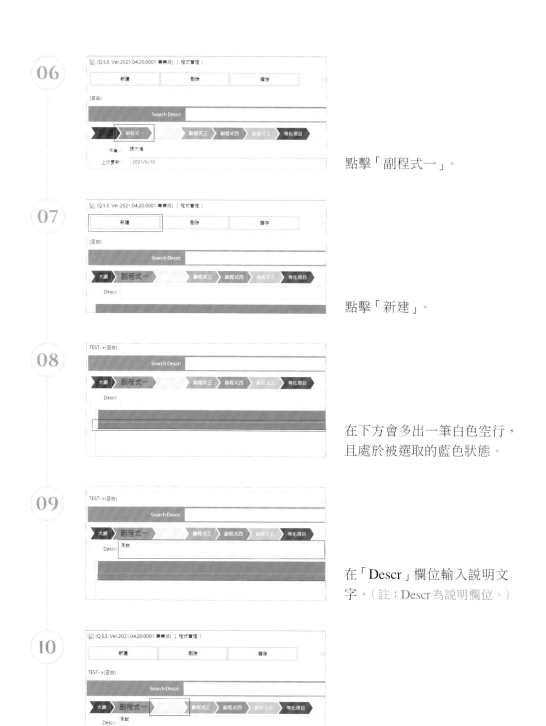

06 點擊「副程式一」。

07 點擊「新建」。

08 在下方會多出一筆白色空行，且處於被選取的藍色狀態。

09 在「Descr」欄位輸入說明文字。（註：Descr為說明欄位。）

10 點擊「副程式二」。

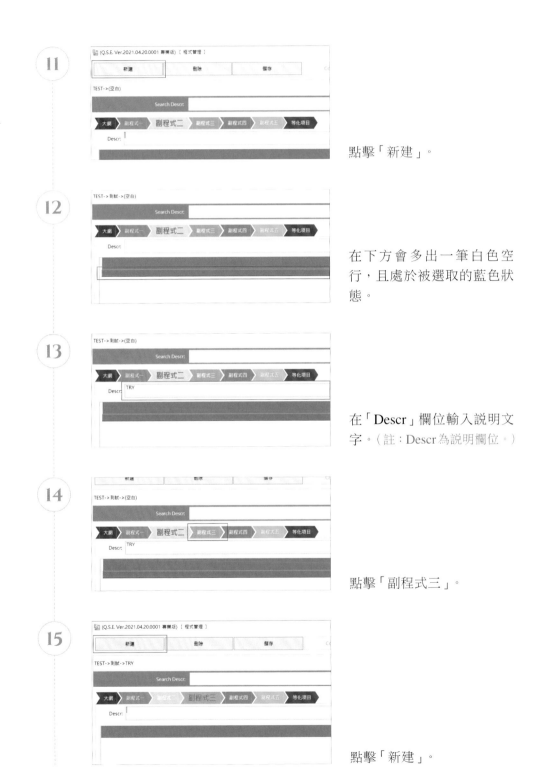

點擊「新建」。

在下方會多出一筆白色空
行，且處於被選取的藍色狀
態。

在「Descr」欄位輸入說明文
字。（註：Descr為說明欄位。）

點擊「副程式三」。

點擊「新建」。

在下方會多出一筆白色空行，且處於被選取的藍色狀態。

在「Descr」欄位輸入說明文字。（註：Descr為說明欄位。）

點擊「副程式四」。

點擊「新建」。

在下方會多出一筆白色空行，且處於被選取的藍色狀態。

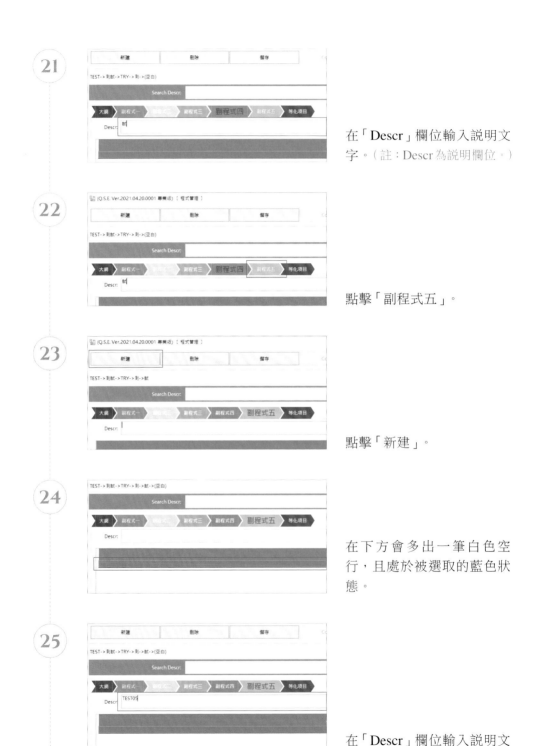

21 在「Descr」欄位輸入說明文字。（註：Descr 為說明欄位。）

22 點擊「副程式五」。

23 點擊「新建」。

24 在下方會多出一筆白色空行，且處於被選取的藍色狀態。

25 在「Descr」欄位輸入說明文字。（註：Descr 為說明欄位。）

26

點擊「等化項目」。

27

點擊「新建」。

28

下方會多出一筆白色空行，且處於被選取的藍色狀態。

29

在「Descr」欄位輸入說明文字。（註：Descr 為說明欄位；填入準備要掃描物件的完整說明，寫得越完整越好，但不可以超過一百二十八個中文字長度。）

點擊「瀏覽」。

出現視窗，選擇欲掃描的照片。（註：照片須事先照好，並放入 QSE 3000A 資料夾中的 RatesPics 資料夾裡。）

點擊「開啟」。

點擊「掃描等化率值」。

34

出現視窗，可勾選❶「檢測物為正值」或❷「檢測物為負值」。（註：任何你需要的為正值，任何你不需要的為負值；這需要你自己去定義，無關他人；此處以「檢測物為正值」為例。）

35

點擊「確認」。

36

出現視窗，開始進行掃描。

37

掃描結束後，回到原本的畫面。（註：若出現掃描失敗的情況，可等一段時間後再重新掃描。）

全息掃描的應用

ARTICLE **19**

Applications of Holographic Scanning

全息掃描的功能並無限制，可用在任何用途，只要命令正確即可。以下為全息掃描在地理方面的可能應用。

① 自來水漏水點檢測。

② 天然氣漏氣點檢測。

③ 各類地下管線檢測。

④ 潛在滑坡點的監控與檢測。

⑤ 颱風或颶風的監控與檢測。

⑥ 天然災害的監控與檢測。

⑦ 地震監控與檢測。

除了以上應用外，在本書下冊的 P.112 有實際尋找自來水漏水點的應用。另外，當然也可直接用在金融方面，像是股票、期貨或是類似的操作。

以下是用全息掃描檢測導致高血壓源頭阻塞點的實例。

 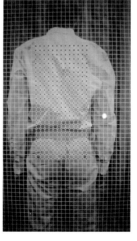

屁股上的紅點，就是全息掃描所檢測出的導致高血壓的阻塞點（左圖）。

這位外國人的左側屁股上面也有紅點，就是全息掃描所檢測出來的導致高血壓的阻塞點（右圖）。

206

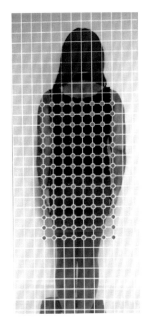

　　這位女士的左側及右側屁股上都各有個紅點，就是全息掃描所檢測出來的導致高血壓的阻塞點。這位女士是比較嚴重的個案（據說才剛小中風過），如果紅點無法消失，病情堪憂！

　　以人體來講，這類阻塞點查出來後，只要將思霈貼片（P.208）貼在檢測出阻塞點的身體部位，血壓就能立即降下來。持續地貼，病情就能好轉；也有儀器用戶用全息掃描去找失蹤的失智老人，或是尋找動物之類。除了生物外，當然也可以找遺失物品！有人用來找鑽石戒指或任何值錢的物品（如果不值錢，用儀器來找，是有點大材小用）。全息掃描的功能非常強大，缺點就是掃描時間很久（跟掃描總點數有關）。

1　產品瑕疵的判定

　　除了大方向的使用外，也可以往小方向使用。例如：可用來檢修產品，或用來進行產品瑕疵的判定。

　　① 機器故障，找不到問題。

　　② 機器或生產線不定期異常。

　　③ 產品研發時，尋找未來最可能故障的零件。

④尋找運輸工具未來最可能的故障點。

⑤尋找安全氣囊的瑕疵品（不爆或誤爆）。

⑥天然災害的監控與檢測。

⑦尋找通血管用醫材的瑕疵品（在中國大陸已有實際應用例）。

⑧不可拆包裝的任何隔空檢測。

對產品或是物件的全息掃描相對簡單，但如果是生物，就會比較麻煩，因為生物無法直接換零件，而是必須要有相對的治療方案。因此，量子空間等化儀用在生物上面，只能用打通源頭阻塞點的方式進行，阻塞點打通了，生物本身的自療系統就能順利運行起來。

(column.01) 思需貼片

剛開始研發出的是思需貼片，這是打通阻塞用的一款貼片，也是一系列量子貼片的第一款（本來沒有想研發其他款，其他款都是後來無心插柳做出來的）。為什麼叫思需貼片？因為這是從英文翻譯過來的名稱，我取的英文名稱是

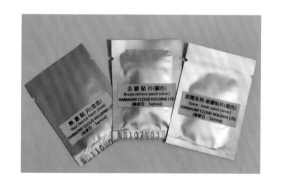

Space Therapy。因為這是我創造的一種空間療法，跟中醫的經脈或穴位無關，但也很容易會掃到雷同的位置，因為中醫的穴位很密集。

在實際應用時，發現單用思需貼片打通阻塞點時，有時效果不彰，因此，後來又繼續研發了熱源貼片與去瘀貼片。現在用全息掃描功能去掃描生物後的對治方案，都是同時用這三種貼片，也就是交替使用。平均上來說，效果比單純使用思需貼片一種，效果快很多！常有人問，要貼多久才會打通？我的標準回答就是：「不知道？因為每人的嚴重程度不同，很難進行比較，而且阻塞物不同。只能說持續用，理論上會慢慢有變化。」

② 全息檢測的步驟操作

點擊「全息檢測」。

出現視窗,點擊「　」,以載
入圖檔。

出現視窗,點擊欲做檢測的
照片。(註:書上使用的照片
僅是範例,無實際意義。)

點擊「開啟」。

05

照片置入後，點擊「□」，以設定人像的分析範圍。

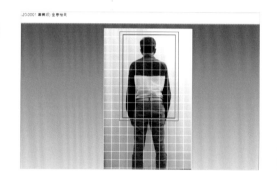

06

以滑鼠游標在圖片上框選出欲檢測的人物範圍。

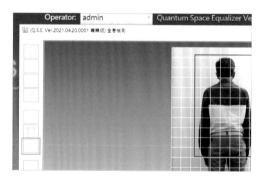

07

點擊「□」，以開始進行人像分析。

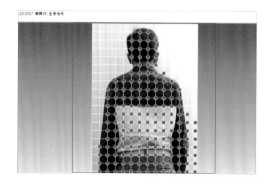

08

經過運算後，圖片上會自動出現藍色圓點。（註：藍色圓點為預計要讓軟體檢測的掃描點。）

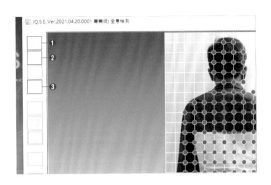

09

若想刪除多餘的掃描點，可
點擊「□」、「□」或「□」。

① 點擊「□」，進入步驟10。

② 點擊「□」，請跳至P.212
的步驟14。

③ 點擊「□」，請跳至P.213
的步驟18。

10

點擊「□」後，以滑鼠游標
在圖片上以線段圈選出一個
範圍。

11

出現視窗，勾選「清除掃描點」。

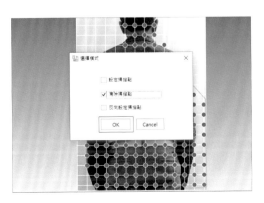

12

點擊「OK」。

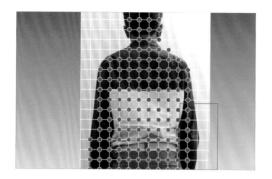

圈選出的掃描點清除完成，
可跳至 P.213 的步驟 19。

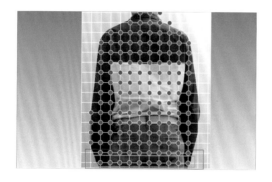

點擊「▢」後，以滑鼠游標在
圖片上以框選出一個範圍。

出現視窗，勾選「清除掃描點」。

點擊「OK」。

17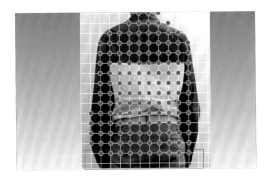

圈選出的掃描點清除完成，可跳至步驟20。

18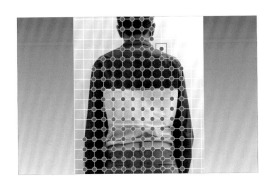

點擊「▢」後，直接點擊欲清除的掃描點。

19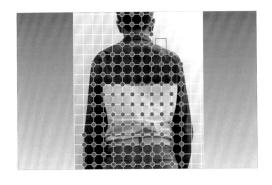

掃描點清除完成。

20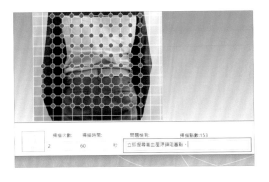

在「問題檢測」欄位輸入欲檢測的問題。（註：此處以「立即搜尋高血壓源頭阻塞點。」為例，問題結尾的句號不可省略。）

21

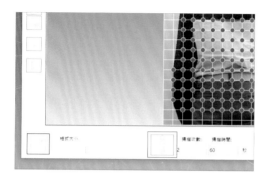

點擊「▢」，以開始進行全息檢測。（註：掃描次數及掃描時間，維持預設的數值即可。）

22

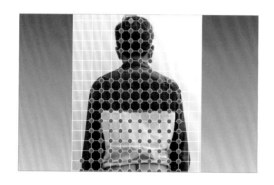

檢測過程中，正在檢測的掃描點會閃爍綠色。

23

掃描結束後，會出現視窗，點擊「確定」。

24

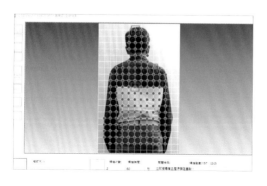

圖片中變成紅色的掃描點，代表有檢測出問題的位置。

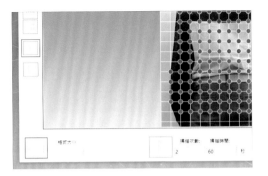

點擊「☐」，可將檢測結果另存成PDF檢測報告。

出現視窗，輸入檢測報告的檔案名稱。

點擊「存檔」。

出現視窗，可設定PDF內的字型、樣式及大小。

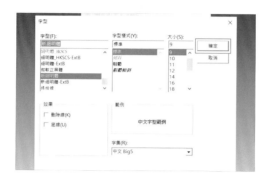

設定字型後，點擊「確定」。

全息檢測的報告儲存完成。

點擊全息檢測的報告，即可看見報告內容。

量子訊息雷射全像載體貼片的應用

The Application of Quantum Information Laser Hologram Carrier Patch

1 貼片應用

　　鈦生量子科技有限公司除了提供空白的貼片外，亦設計了許多很實用的貼片母片，Q.S.E. 的儀器用戶都可自行購買回來應用。

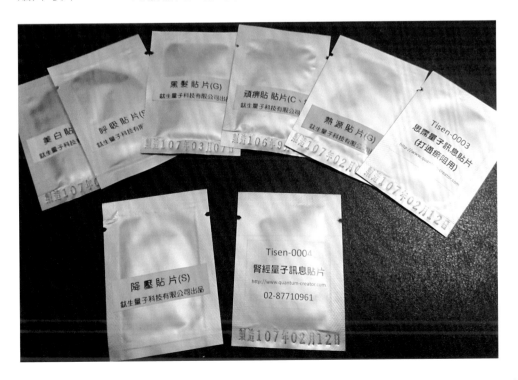

01	思霈貼片	**數量** 銀色25枚。
		用途 打通經脈瘀阻用。
		貼的位置及須知 阿是穴貼法。

02 無痛貼片

數量 銀色40枚。

用途
針對重大病症，一般止痛方法無效時，用此貼片（含西藥訊息）。

貼的位置及須知
貼於疼痛區域的起點與終點大概位置（上下左右）。

03 腎經貼片

數量 銀色25枚。

用途 補腎用。

貼的位置及須知 貼於湧泉穴或腎臟大概位置區域。

04 身體效能

數量 金色、銀色各10枚。

用途 提高身體效能，保持身材合宜。

貼的位置及須知 1枚貼於關元穴；1枚貼於右腳足三里。

05 硬是了得

數量 金色10枚。

用途 男性專用，補陽氣。

貼的位置及須知
貼於關元穴。（註：若陽氣太弱導致效果不佳，可加貼腎經貼片
於腳底湧泉穴。）

06 固守宗筋

數量 金色10枚。

用途 男性早洩專用。

貼的位置及須知
貼於關元穴。（註：不可與「硬是了得」合併使用。）

07 逗荳貼

數量　透明小圓50枚。

用途　任何皮膚問題及狀況，或有凸起組織時使用。

貼的位置及須知　阿是穴貼法。

08 熱源貼

數量　金色30枚。

用途　提供身體熱源，針對身體過於濕寒用。

貼的位置及須知

保健用，可貼於關元、命門、湧泉、足三里、三陰交等常用穴位。

09 周公貼

數量　銀色40枚。

用途　睡眠障礙專用。

貼的位置及須知

貼於雙手內關穴或腳背的太沖穴，或同時貼內關穴與太沖穴。

10 擋土牆

數量　金色10枚。

用途　長時間腹瀉，快速緩解用。

貼的位置及須知

貼於腹部兩側天樞穴或低位倒三角貼法（就是貼三角內褲的三個角位置）。

11 潤下貼

數量　透明方形、透明小圓各22枚。

用途　排便不利。

貼的位置及須知　方透明貼雙手支溝穴；圓透明貼腹部兩側天樞穴。

12 頑痹貼

數量　銀色30枚、透明方形20枚。

用途　針對各種身體風濕骨痛問題。

貼的位置及須知　貼於疼痛點附近。

13 降壓貼

數量　銀色20枚。

用途　調理血壓。

貼的位置及須知　貼於三陰交。

14　呼吸貼

數量　透明小圓25枚。

用途　調理呼吸系統，尤其是花粉症導致的鼻子過敏現象。

貼的位置及須知　貼於上鼻通穴。（註：亦可用於任何皮膚損傷。）

15　明目貼

數量　透明小圓、銀色各10枚。

用途　調理眼睛或眼周相關不適。

貼的位置及須知　雙貼片，透明貼承泣穴，銀貼太沖穴。

16　黑髮貼

數量　金色50枚。

用途　調理頭髮早白。

貼的位置及須知　貼於頭部兩側角孫穴。

17　美白

數量　透明小圓25枚。

用途　調理臉部斑點。

貼的位置及須知　貼於頭部兩側角孫穴。

18　消渴貼

數量　金色90枚。

用途　調理血糖控制失衡。

貼的位置及須知

貼於雙乳下方天池穴，與貼於肚臍上方中脘穴；一次貼3枚。

19　去瘀貼

數量　銀色60枚。

用途　調理體內的瘀。

貼的位置及須知

在百會穴、曲池穴、合谷穴、豐隆穴、三陰交、太沖穴、湧泉穴中任意選兩個穴位各貼1枚（如果是選手腳的穴位，則共是貼4枚）。

20　正氣貼

數量　金色40枚。

用途　以中藥霍香正氣散為基礎的1枚貼片。

20	正氣貼	**貼的位置及須知** 一般可貼在肚臍上的中脘穴，或貼於任何不適的地方。

數量 銀色20枚。

用途 無形結界用，移動物件專用。

21 方圓無塵一

貼的位置及須知
一次使用1枚，有如漣漪慢慢往外蔓延，貼越多淨化速度越快。
（註：場域和諧用，化煞、化沖。）

數量 金色20枚。

用途 去除瘴氣或邪氣；可用於個人或植物，一次使用1枚。

22 方圓無瘴

貼的位置及須知 可貼於大椎穴，若是植物則任意貼。

數量 銀色10枚。

用途 固定場域用，一次使用2枚。

23 方圓無塵二

貼的位置及須知
兩枚相距5cm以上後啟動，阻隔無形干擾用，若放置距離小於
5cm則停止全部功能。（註：建立結界用，阻隔不明干擾。）

數量 透明圓形10枚。

用途 阻隔法術（例如：降頭術）或黑暗魔法用。

24 方圓無塵三

貼的位置及須知
直接貼於手機上，或是直接貼於固定場域的太極位的位置。

數量 金色、銀色各1枚。

用途 降低電磁波對人體的傷害，完全不會影響手機通訊。

25 手機貼片

貼的位置及須知 貼於靠近聽筒處。

26 回眸盾

用法 使用貼片保存盒（請勿取出貼片，以免汙染或毀損），內含金色貼片3枚。

用途 針對肩頸痠痛，上焦的疏通用。

貼的位置及須知 ────────────────

- 只需放於胸口小口袋，女性可直接放在胸罩裡；也可放在身體任一地方，可重複使用。
- 若熬夜導致落枕，白天可放在身上，晚上可直接壓在枕頭下面。

27 中脈通

用法 使用貼片保存盒（請勿取出貼片，以免汙染或毀損），內含金色貼片3枚。

用途 疏通脈輪，長期配戴用。

貼的位置及須知 ────────────────

- 可放於胸口小口袋或任何地方，只要靠近身體即可；若使用時出現任何不適，請移除貼片，就能逐漸緩解。
- 潛在風險：可能幾10年前，認為早已痊癒的問題，會被挖出重現。

28 光明貼

用法 使用貼片保存盒（請勿取出貼片，以免汙染或毀損），內含金色貼片3枚。

用途 場域和諧用，化煞、化沖，可移除負面能量進而穩定情緒。（註：此為方圓無塵一的進階版本。）

貼的位置及須知 ────────────────

- 可放於胸口小口袋或任何地方，只要靠近身體即可。
- 若使用時出現任何不適，請移除貼片，就能逐漸緩解。

29 足弓貼

數量 銀色39枚。

用途 用訊息及能量調整腳掌上的二十六塊骨頭及周圍組織，有助於站立與行走的穩定性；透過壓力平衡反射，亦能調整脊椎的相關問題。

29 足弓貼

貼的位置及須知

- 貼於鞋墊下方（鞋墊與鞋體中間），每三個月更換一次貼片。
- 每隻鞋貼1枚，不可只貼一隻鞋，否則反而會造成失衡。
- 鞋底越軟，越會導致貼片的毀損；也可每週更換一次貼片。

用法 塑料盒一盒（內含金色貼片2枚、銀色貼片3枚），防水等級IP7。

30 地源貼

用途

- 吸收病氣，化解負能量。
- 平時使用，握於右手或直接放置於不適位置，能緩解大部分不舒服，特別適合醫療相關人員使用。

貼的位置及須知

使用期限約為1年，且會隨著使用的頻繁程度，逐漸衰退。（註：若有舊疾，可能會更不舒服。）

31 龍泉貼

數量 銀色貼片11枚。

用途

- 排毒行氣用。
- 建議使用天然礦泉水或煮沸後的飲用水（禁蒸餾水或無礦物質純淨水，例如：RO水）。使用鈦生量子訊息水機的水，可取得最佳效果。每天至少喝500cc，為保養用；每天至少喝1500cc，為調理用。（註：若有舊疾，可能會更不舒服。建議至少連續飲用三個月以上！）

貼的位置及須知

貼於水瓶（不可是金屬材質）外或任何飲料外。

32 龍泉杯墊

數量 圓形杯墊二片（直徑11cm，厚0.5cm）。

32 龍泉杯墊

用途
- 排毒行氣用。
- 建議使用天然礦泉水或煮沸後的飲用水（禁蒸餾水或無礦物質純淨水，例如：RO水）。使用鈦生量子訊息水機的水，可取得最佳效果。每天至少喝500cc，為保養用；每天至少喝1500cc，為調理用。（註：若有舊疾，可能會更不舒服。建議至少連續飲用三個月以上！）

貼的位置及須知
- 使用QBU訊息強化技術，快速充能，效果明顯。
- 任何飲食皆可放在杯墊上充能（避免金屬材質的容器）。

33 脾經貼

數量　金色貼片30枚。

用途　調理脾經用。

貼的位置及須知　雙腳三陰交，下腹關元穴。

34 綠源杯墊

數量　圓形杯墊二片（直徑11cm，厚0.5cm）。

用途
- 使用100% QBU訊息強化技術，快速充能，效果明顯。
- 主要調整植物或類植物根系神經系統；植物或食物皆可放在杯墊上充能。
- 高維訊息降階，植物回春，調整骨架結構用！
- 飲用水，建議使用天然礦泉水或煮沸後的飲用水（禁蒸餾水或無礦物質純淨水，例如：RO水）。
- 使用鈦生量子訊息水機的水，可取得最佳效果。
- 建議飲水量，每天至少喝1500cc，為調理用。（註：若有舊疾，可能會更不舒服，建議至少連續飲用三個月以上！）

貼的位置及須知
若用於脊椎調理，建議放在尾椎處，尾椎恰好在杯墊中心。實際操作時，就是杯墊坐一半就對了。

數量 銀色貼片40枚。

用途

35　逸情貼

◆ 解各種化學毒素用。

◆ 為確保完全清除餘毒，建議連續使用三個月以上。

◆ 晚上貼（勿貼在同一位置，在穴位附近即可），起床撕掉。
（註：若有任何不適或反應，請喝綠源杯墊處理過的礦泉水，去緩和症狀。若無法緩解，請先暫停使用。）

貼的位置及須知

雙上臂青靈穴。

2　貼片在中醫的應用

對於沒有中醫概念的讀者，可參考下面的簡易表格，配合中醫穴位加以應用貼片。

症狀	對應部位	症狀	對應部位
痛風	患部	膝蓋痛	陽陵泉穴
目眩	脖子後面	牙痛	下關穴
耳鳴	耳垂	生理痛	腎俞穴
咳嗽	喉嚨頭	落枕	足三里
頭痛	脖子	腰痛	大腸俞
肚子痛	患部	雙腳倦怠	湧泉穴
背痛	心俞穴	肩膀痠痛	肩井穴
五十肩	肩髎穴	手部麻痺	陽池穴
更年期障礙	血海穴	足部麻痺	解溪穴

除了使用鈦生量子科技有限公司開發的現成量子貼片外，也可使用空白貼片，然後把儀器資料庫的任何一個項目的訊息，寫入空白的量子貼片裡。（註：關於如何將資料庫內的項目輸出的步驟，請參考 P.191。）

◆　案例一

　　以下例子是一位儀器用戶（醫師）的貼片應用心得。最近剛好有親戚送來自己種的蒜頭，品質非常好，於是我就把它拿來製作成貼片。貼的前 1 小時，口中出現炸蒜片的味道，挺香的；2 小時後，出現「合利他命」的蒜頭味，而且味道越來越重；3 小時後，我再也受不了這種味道，就趕緊把貼片撕了。

　　之後的感受就是：貼片撕下後，2 小時內其效果（蒜頭味、辛辣感、灼熱感）仍很強，甚至還比貼著的時候強，之後會慢慢遞減。大約撕下 6 小時後，其作用剩 50％以下，之後持續遞減，直到 24 小時後，效果才完全消失。

◆　案例二

　　今天中午覺得右側偏頭痛，痛到眉棱骨，還打了幾個噴嚏。我拿了已複製好的川芎茶調散雷射標籤，貼在右側小腿的承山穴和陽交穴，結果很神奇的，在 3 分鐘左右，開始覺得頭部比較鬆一點了，之後頭痛的現象就慢慢地消失。

　　真的很神奇！把科學中藥的雷射標籤直接貼在身上的方法確實有效，而且效果比吃藥快呢！思需貼片可代替針灸，中藥雷射標籤可代替中藥！以上是單一儀器用戶的感受及看法，並不一定能百分之百在每位儀器用戶身上重現，但是方向基本上沒有錯。

♦ 其他案例

　　也有用戶把植物需要的養分材料先複製成貼片，再貼在花盆或水瓶外面，再用水瓶裡面的水澆植物，反應出來的效果都很不錯（跟貼片裡的訊息配方有關）。

③ 貼片在農業的應用

　　如果是亂把一堆訊息給寫到貼片裡，然後拿去進行農業相關應用，效果自然不會好，如果效果好，就是單純運氣好。

　　農業有農業的專業，給予植物該有的養分，亂給自然不對。只要給出對的養分，效果自然不會太差。唯一的差別是，本來要耗用實體材料，現在轉成訊息後，除了節省大量材料成本外，也減少了對地球資源的耗用，是非常環保的一種新式農法。單純量子訊息的農法，稱之為量子農業，目前在中國大陸已經發展得很成熟。有關量子農業的應用，請參考中國大陸量子農業章節（下冊的P.84）。

④ 貼片和儀器的實際操作

01

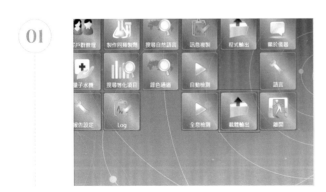

為了把資料內容輸出到量子貼片，請點擊儀器軟體主頁的「載體輸出」。

出現視窗，點擊「程式」的下拉選單。

出現選單，點擊欲選擇的資料內容。（註：此以「治療相關應用項目」為例；整個資料庫是一個樹狀結構，所以需要一層一層去選擇自己想輸出的等化項目。）

點擊「副程式1」的下拉選單。

出現選單，點擊欲選擇的資料內容。（註：此以「中藥類」為例。）

重複步驟4-5，將副程式2至副程式5選擇完成。（註：選擇到正確路徑，就會找到你需要的等化項目。）

點擊「BAL」。

勾選欲輸出至載體（貼片）上的量子訊息。（註：鈦生量子科技有限公司的量子貼片每1枚的容量約是200條等化項目。）

點擊「加入」。（註：點擊「加入」後，左側的已勾選項目就會移動到右側的空白處。）

10

確認加入後，可勾選「載體保護」。（註：關於載體保護的說明，請參考 P.231。）

11

在儀器端，將空白貼片有字的那一面朝下，放在沾黏板（輸出）上，可一次放一疊貼片。

12

點擊「執行 [載體輸出]」。

13

出現視窗，此為正在寫出訊息至量子貼片的過程畫面。

出現視窗，此為訊息封印中的過程畫面。（註：關於訊息封印的說明，請參考 P.232。）

若在 P.230 的步驟 10 有勾選「載體保護」，就會出現此載體保護中的畫面。

點擊「關閉」，載體輸出完成。

⑤ 關於載體保護的說明

確定你需要的等化項目都已經選好，就可點擊下方的執行（載體輸出）功能。在點擊此功能前，要先確定你想不想保護？

如果你希望做出來的量子貼片，能不被他人輕易複製，就須把在下方左側的「載體保護」打勾。有勾選載體保護所製作出來的量子貼片將具有防拷特性，包括你自己。只要有人想嘗試複製（不管是用儀器還是念力），貼片將會進行自我摧毀。

如果貼片是自己使用，不太需要保護；如果是給別人使用，不管是給誰？包括給別人的測試樣本，建議一開始就做保護，以免日後想做卻太遲！

⑥　關於訊息封印的說明

不管量子貼片有沒有保護，都可透過主頁的淨化功能清洗掉，因此量子貼片可重複寫入訊息，以及重複清洗淨化，不會損壞。

如果是使用鈦生量子科技有限公司出品的量子貼片，該貼片已經內建硬體自動封印，可不需要封印。不過，即使重複進行軟體封印，也不會有任何影響。

既然量子貼片已經會自動封印，為何此處還要設計軟體的自動封印功能呢？主要是因為考量儀器用戶可能需要把訊息直接寫在量子貼片以外的載體（例如：水晶、礦石），這就需要使用軟體封印功能去加強訊息的穩定性，否則訊息就算寫入，也會很容易流失。已經寫入訊息或是已經封印的載體，可重複封印，並不會有任何傷害。

量子訊息
能量水機的應用

Application of Quantum Information Energy Water
System

1 關於水中的氯

我在西元2010年去峇里島與Don Paris博士見面，有談到目前常見的高血壓、糖尿病等慢性病，以及討論相關調整的心得等等。Don Paris博士提到一點，就是像高血壓這類疾病，都是因為血管的管壁有沉積物，而這沉積物最常見的就是膽固醇。

聽好像很正常，但接下來的資訊就勁爆了，他說根源是在飲用水，因為水中有氯，而水中有氯就會造成血管壁有大量的膽固醇堆積，以及造成許多其他的慢性病（也就是如果體內無氯，就算吃進大量膽固醇，身體都可以處理）。

但從小在學校，美國政府不是一直說水只要煮沸，水中就沒有餘氯了呀！當然，我們知道水煮沸了，餘氯並不會真正消失，但也許有所減少，而且這一點點的氯對身體並沒有傷害。真的嗎？這就好像當初美國官方說狂牛症不會傳人，禽流感也不會傳人，結果呢？因此我們必須充實自己的常識與知識，官方說法可以聽，但也許需要打個折，但要打幾折，就看每個人心中的尺有多長囉！

於是Don Paris博士建議大家都要裝飲用水過濾設備，至少把餘氯給濾掉，能濾多少是多少。因此在處理任何的慢性病時，都需要在儀器療程中加入氯

的部分（移除），如此才能讓效果好一些。他說美國很早就有人做出實驗，已確認在飲水中加氯對人體的危害，也將報告送到政府相關部門，而政府部門回應是知情，但無法可施！沒錯，這真的很無奈，水中不消毒，人民在日常生活就會生病，對民生是一大影響。在還沒有更好的辦法前（也可加臭氧，但成本很高），在水中加毒（氯）是不得已的（但我們喝的人要聰明些，先濾乾淨再喝）！

我想大部分的人對氯的毒性都不了解，我網路上查了一下，以下是維基百科的內容：「氯是一種鹵族化學元素，化學符號為Cl，原子序數為17。氯單質由兩個氯原子構成，化學式為Cl_2；氣態氯單質俗稱氯氣，液態氯單質俗稱液氯。

在常溫下，氯氣是一種黃綠色、有刺激性氣味、有毒的氣體。壓力為$1.01×105$ Pa時，氯單質的沸點為－34.4℃，熔點為－101.5℃。氯氣可溶於水和鹼性溶液，且易溶於二硫化碳和四氯化碳等有機溶劑，飽和時1體積水溶解2體積氯氣。氯氣具有強烈的刺激性、窒息氣味，可刺激人體呼吸道黏膜，輕則引起胸部灼熱、疼痛和咳嗽，嚴重者可導致死亡。氯氣的化學性質很活潑，它是一種活潑的非金屬單質。

氯原子的最外電子層有七個電子，在化學反應中容易結合一個電子，使最外電子層達到八個電子的穩定狀態，因此氯氣具有強氧化性。氯氣可作為廉價的消毒劑，一般的自來水及游泳池就常採用它來消毒。但由於氯氣的水溶性較差，且毒性較大，容易產生有機氯化合物，故常使用二氧化氯（ClO_2）代替氯氣作為水的消毒劑（例如：中國大陸、台灣、美國等）。自然界沒有游離狀態的氯，而通常是以氯化鈉（食鹽，NaCl）的形式存在。」

坦白講，氯很毒，而且大部分氯的化合物都是毒物（當然也有不毒的），因此我們要正視這個問題。沒錯，用氯來消毒的人會告訴你，我們用的劑量是很低，對人體是沒有危害。這就跟當初的狂牛症、禽流感一樣，信者恆信，被賣掉了，大家還幫忙數鈔票！因此，相信氯是無毒的，或是認為它有毒，

但因為劑量輕，對人體無危害的朋友，我無意與大家作對。你們繼續相信你們所相信的。我則開始進行一系列的檢驗，以了解我們現在被氯荼毒成什麼樣子了？

2　量子空間等化儀移除氯實驗

先從儀器資料庫中找出氯的等化率值，有好幾個都是氯，有可能是一樣的氯，只是不同人開發的等化率值，因此值會不一樣；也有可能是不同氯的化合物，由於年代久遠，已經不可考，但沒關係，我們可以用不同的值進行交叉檢驗。

我先把手上所有的樣品（照片）都測一下身體裡的氯含量，都是超高的值，有慢性病的人身上氯都很高，而中國大陸人值又比台灣人高。還好，我驗家中的小孩，都有氯含量，但沒有那麼高。有驗出來的人，當然就開始加入移除的療程，移除完再驗，體內就驗不到，但一到隔天又有，因此使用量子空間等化儀（Q.S.E.）處理，可能不是最佳方法。在我還沒想出更佳方法前，還是會繼續用量子空間等化儀（Q.S.E.）處理，等我想出更佳方法後，再改用最新方法。

至於為什麼用量子空間等化儀移除氯後，隔天氯會跑回來？原因是人不斷在吃與喝，這些飲食中可能都含有氯！那麼是不是無解呢？應該不會！

我先把一些事釐清，首先針對飲用水，我去市面上買一些瓶裝水回來，檢驗其中到底有沒有含氯？因為不想影響這些飲用水廠商的生意（因為有可能我也會犯錯），所以我不打算公布檢驗值，只大概講有或是沒有。以下的檢測都是針對訊息的檢測，並不是針對物質的檢測（可能在物質檢測上，是測不到）。

① OxEx X 氏純淨水，含氯。

② X 氏礦泉水，不含氯。

③台Ｘ海洋鹼性離子水，不含氯。

④SxOxY澳洲礦泉水，含氯。

這個報告乍看有點奇怪，但只要細想，就會知道為什麼，礦泉水及離子水不含氯，這很正常，但某家純淨水及進口礦泉水含氯，如果不是有被自來水汙染，就是其水源根本就是自來水。

看不懂？因為我們驗的是訊息，而不是真正氯這個物質。也就是物體裡面如果含氯的實體，我們用儀器驗出是正常的，但如果不含氯的實體，卻被我們驗出有氯的訊息，表示氯曾經在水裡出現過。這就是凡走過必留下痕跡，一測訊息就露出馬腳。問題是，水裡面沒有氯，但卻含有氯的訊息，這對人體有害嗎？當然！

如果訊息無害，那麼我在部落格寫一系列的「死馬當活馬醫」文章豈不是白寫？這一系列文章所探討的都是「訊息」及「訊息療法」，而同類療法又更是訊息療法的代表療法之一。

依照陳國鎮教授（東吳大學物理系教授）所定義，訊息降階為能量，能量降階為物質，而人體是物質。因此長期接觸某種訊息，當發生降階現象時，就會產生實質的影響。

而當大家為了避免氯的毒害時，紛紛裝起飲水機來濾除水中的氯，甚至連沐浴用水也裝濾水器來過濾氯。我這次實驗也驗出，飲水機的水無法用試劑驗出含氯，但是用量子空間等化儀（Q.S.E.）卻驗出很高的數值，這個數值竟然比直接驗自來水還高！

這是什麼情況？這情形確實嚴重，而大家不知道已經喝了多少高濃度氯訊息的水了（包括我自己）。可能的原因是水中的氯已都被吸附在飲水機的濾心中，但我們不可能短期就更換濾心，所以濾心中含有大量的氯，而這氯的含量會隨著使用時間的加長，而越來越高。就算原來的水不含氯，都會因為經過了濾心，而導致過濾後的水含有極高濃度氯的訊息（這就是為什麼過濾過的水，氯的訊息會比自來水高）。

很早以前我們沒有自來水，但也沒有這麼多慢性病，現在我們怪東怪西，一會兒說這不能吃，一會兒說那不能吃，但都沒有想過，我們用來製造飲料、食物的水都是自來水。記得，凡走過必留下痕跡，只要工廠用的水，來源是自來水，怎麼濾都沒有用（只是用試劑驗不到）。這就是為什麼做酒的廠商，尤其是名酒，都絕對不用自來水做酒，因為水不一樣就是不一樣，絕對不是用市面這類驗物質的儀器可以驗出來的。

我想，我會想出解決方法。在前面提到，我隨機取樣市面上的瓶裝水，使用量子空間等化儀（Q.S.E.）進行一次瓶裝水中含氯訊息的檢測實驗。但卻在號稱是礦泉水的瓶裝水中，驗出了氯的訊息。後來新聞報導，台北市的環保局檢測市售的34款瓶裝水，發現竟然高達三成五的水源根本就是自來水。

詳情請看此篇新聞（去網路上搜尋，應該還查得到才對）：「台北市環保署檢測發現，瓶裝水三成五是自來水」。凡走過必留下痕跡，世人總以為驗不到，其實，站在訊息的角度，通通都被驗出來，因此歹路不可行呀！隔了3年多，這事情才被政府發現。

③ 關於水中含氯的解決方案

上面揭示了目前我們對於自來水使用氯來進行消毒對人體的危害，雖有大概談到氯的訊息與氯的物質的關係，但卻沒有任何解決方案。

這篇就是想來好好討論一下這個問題，以及解決的方案。

雖然我們用量子空間等化儀（Q.S.E.）可以輕易測到有無受到氯的汙染及直接處理汙染，但一直用儀器檢測及對治，究竟還是不經濟，因此這陣子以來，我們想到一個澈底解決的辦法。

在中國瀋陽有一位同類療法大師（被尊稱為東北神醫），是我們公司最早的一位中國大陸的Q.S.E.儀器用戶，後來慢慢跟他有更多交流，也建立很

好的友情。他告知我目前的同類治劑（中國大陸稱為順勢製劑）都必須要加酒精，但有些病患無法使用含有酒精的同類製劑（例如：口中有傷口或潰瘍的病患，或有些宗教禁止教徒碰觸酒精），如果能有一種水可以保護好同類製劑的訊息，也許就不需要再加酒精了？

　　由於這個需求，再加上之前水中氯的後遺症等問題，讓我們有了開發一部水機的想法。由於我們公司研究水的技術已經超過20餘年，只是沒有推出應用此技術的商品（因為水機的市場太亂，進入市場的製造門檻也很低，我們不想加進來打混戰），但我若要製造一部優質淨水機並非難事。

　　經過約半年多的努力，我們終於成功設計及製造出一部「鈦生量子訊息水機」。這部淨水機除了具備市面上任何淨水機的一切功能外，最重要的是有兩個突破性的強力功能，就是對訊息的處理，以及遠端遙控更新水機內建訊息的功能。

　　尤其遠端遙控更新這一項功能，可說是獨步全球，當然，一部淨水機該有的濾淨、口感、充能等基本功能，都一應俱全，甚至還通過了中國大陸非常嚴格的水機檢驗標準。

「鈦生量子訊息水機」的正視圖。

① 安裝很簡單，把自來水接到標示為「IN」的地方，然後「OUT」的地方就是出水口。

② 水機附有所有不同規格的轉換頭及所需的連接水管。

③ 一般的客戶都可自行安裝，可直接裝在水龍頭上，完全不用鋸開原有水管或加接水管，安裝上方便。

擁有中國大陸與台灣兩地的專利。

通過了中國大陸
非常嚴格的水機
檢驗標準。

內建四支極高密度
的濾心（只需約1
年更換一次）。

　　以上這兩張圖就是整部淨水器最精髓的地方。在P.239下方的照片中，上面橫躺著的不鏽鋼管（能量訊息編碼充能器）可用來處理水分子的波動力，讓水的波動力增高及釋放出適量的微量礦物質至水中。經過處理過後的高能波動水，就算是被微波爐加熱過，一樣能保持極高的波動力（一般市售的能量水，經過微波爐加熱後，通通會變成負能量），不會被外界輕易影響。

　　為什麼要考慮被微波爐加熱？一般習慣生飲的朋友（生飲的含氧量較高），不會刻意把水拿用微波爐加熱，原因在於任何的能量水如果連微波爐的考驗都通不過，如何能保證水在經過煮沸、胃酸、消化液的破壞後，依然保持原來的狀態？無法保持原來狀態，那麼喝所謂的能量水，豈不是一點意義都沒有了？

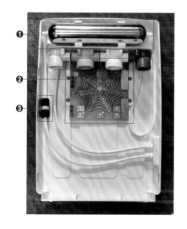

① 能量訊息編碼充能器。
② 無向量波訊息傳遞天線。
③ 固定訊息編碼器。

4 「固定訊息編碼器」簡介

什麼是訊息？水有記憶性，水會隨外境而改變！

* 有些人會拿大悲咒水回家喝，但他們不知道這水要趕快喝，因為水正在逐漸淡忘大悲咒的加持！

* 因為家中的電磁場非常紊亂，這種紊亂的電磁場對水具有移除性，所以原來水中所記憶的任何訊息會慢慢消失掉，一般大概是7天消失殆盡。

* 如果把水放在電磁場強的電器旁邊（電冰箱、電視、手機等），水很可能當天就完全失去記憶了！

* 或者把大悲咒水放入加熱型的飲水機內（或是熱水瓶），因為熱量的關係，就會立即讓所謂的大悲咒水，變成失去大悲咒的加持。

* 「鈦生量子訊息水機」是目前世界上唯一不怕微波爐加熱，會導致水失去訊息的水機。

* 不管來源水為何，就算水中有不良波動、怨念、悲傷、毒害等，經過「鈦生量子訊息水機」後，將全部遭到移除，並且格式化（Format）成為好的訊息波動水。

* 「鈦生量子訊息水機」除了可移除不該存於水中的訊息外，還可適時添加微量的礦物質進入水中。

* 不怕加熱，且越加熱反而越甘甜。

在P.239下方圖片的左下角，就是「固定訊息編碼器」，主要是用來寫入我所預先設定的訊息。目前此版本所內建的訊息有：氯毒的移除、惡性病因移除、化學毒害（含藥害）移除、能量場修護、個人財運優化、養生必備、靈障移除與修護等。

要特別說明的是，此淨水機所具有的功能都與訊息有關，但與物質並無直接關係，當然對人的身體（身體是物質）也無直接關係。

為了怕大家對此淨水機有任何錯誤的認知，在此特別聲明，此淨水機完全沒有任何治病功能。若是淨水機用戶以此淨水機進行任何治療行為，完全與此淨水機的原始發明製造者無關。

⑤　「無向量波訊息傳遞天線」簡介

　　在下圖中，在「固定訊息編碼器」右上方那片七角星圖案，就是整部水機最精華的部分，那並不僅僅是一個圖案，而是鈦生量子科技有限公司用其特有的技術與材料所製造出來的「無向量波訊息傳遞天線」。整個天線是用特殊的鈦化合物所製成，可接收來自量子空間等化儀（Q.S.E.）的訊息寫入、保存及刪改。

位於淨水機蓋子上的另一個「無向量波訊息傳遞天線」，即水機上蓋內側的無向量波電線。

　　「無向量波訊息傳遞天線」的任何修改都是訊息層次的修改，也完全不使用任何傳統電力。

　　鈦生量子訊息水器不是一般的濾水機，而是一部擁有濾水機功能的高科技「訊息水機」，其特點如下。

　　①擁有市面上大部分水機的全部功能，以及穩定的波動水分子結合角度（例如：小分子水、六角水、潔淨等）。

　　②是最佳的同類療法必備載體（同類製劑不再需要添加酒精）。

　　③內建百餘項不良訊息的移除功能（氯、惡性病因、化學毒害、負能量）。

④ 提高自身財運（與個人福報有關，只能最佳化）。

⑤ 基本養身必備訊息（喝好水，助保健）。

⑥ 有靈障相關移除功能。

⑦ 高科技濾心設計，壽命超長但體積依舊迷你（一般壽命長則體積大）。

⑧ 不需要任何保養或是電源供應（無電磁汙染）。

⑨ 具備遠端訊息寫入功能（配合 Q.S.E. 可將遠端訊息寫入水機中）。

⑩ 絕佳的口感（市面上有很多號稱好水，但是口感很差，喝一次就不想再喝）。

⑪ 真正超小分子水，喝再多水也不會覺得腹脹（很快就能去小便）。

⑫ 內建功能可以持續更新（到目前為止完全免費）。

⑬ 唯一透過微波爐加熱後不還原（其他水機的所有水，經過微波爐加熱後皆變負能量）。

⑭ 不怕加熱且越加熱反而越甘甜（大部分的水機廠商都會建議不要加熱）。

⑮ 小分子狀態可維持至少 10 年（一般水機，在短時間就會恢復成大分子水）。

⑥ 「濾心」簡介

◆ 精選數量豐富並更加微小的活性碳分子作為濾心原料，能濾除大量的雜質和汙染物質。

◆ 先讓水通過較大的孔洞，捕捉住大分子的雜質，然後水再通過較小的孔洞，以捕捉更小的汙染物質。有別於一般活性碳棒內外層活性碳顆粒（孔徑）大小相同，易導致大小分子雜質同時堵塞在外層，減低濾心壽命。

◆ 吸附汙染物能力高：將水中餘氯、異味、重金屬、孢子、孢囊、有害微生物、VOCs、總三鹵甲烷、MTBE 等汙染物有效濾除。

- 只留健康，不留汙染：鎂、鉀等離子，不會與活性碳產生鍵結性，因此能保有對人體有益礦物質。
- 長效濾心，延長壽命：滿足一般家庭達6～12個月的飲用水量。

♦ 淨水機用戶的反應

① 覺得最近好像變順很多（諸事皆順心），陸續中一些小額彩票或是抽中一些小獎等。
② 有一位美國回來的紫微斗數大師，在喝過水後，表示這水真的很好喝（指口感），而且喝了會立即有氣感（覺得身體內的氣被推動了）。
③ 中國瀋陽的順勢療法大師張德奎教授表示，用水機的水泡出來的茶會有回甘的感覺，特別好喝。
④ 從事有機農業的李總監，指出水機的水之口感已經媲美日本第一名泉（他曾飲遍日本主要的各大名泉，是知名的咖啡等級評審委員）。

♦ 淨水機適合使用人群

① 有心積極保健人士。
② 體質嚴重酸化者。
③ 缺乏運動，身體代謝過低。
④ 腸胃系統運作失調。
⑤ 有機農業相關應用。
⑥ 醫療院所相關應用。
⑦ 保養品製造用水源。
⑧ 食品製造業用水源。
⑨ 體質敏感人士，無法飲用一般化學製造的飲用水。

◆ 鈦生量子訊息水機與儀器遠端連接示意圖

多重彈性整合輸出/輸入功能

各種人、地、事、物皆可以放置在延伸檢測板上面，輸入
儀器或是透過儀器進行立即性複製。

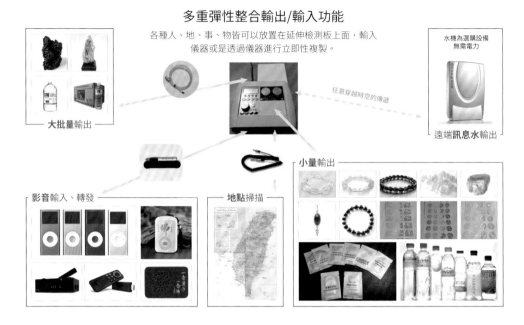

水機為選購設備
無需電力

任意穿越時空的傳遞

遠端**訊息水**輸出

大批量輸出

小量輸出

影音輸入、轉發

地點掃描

　　鈦生量子訊息水機與量子空間等化儀間的連接，是跨越距離的連接，不需要任何電力。

◆ 用戶心得分享

　　下面是在水機群組裡的用戶心得的分享。

　　右上圖是在西元2021年1月11日做的實驗，分別是用量子水（紅圈）與自來水（綠圈），比較插花後的差別。

　　右卜圖是插三天後拍的照片，自來水插的玫瑰花葉子：葉片黃斑有皺摺；量子水插的玫瑰花葉子：葉片光亮鮮綠、無皺摺；插入量子水的花：保鮮持久，花瓣較不易快速萎凋。最後，插在量子水的切花，竟然長出根來，因此就直接拿去種在花盆裡了！

量子倚天、屠龍萬用棒應用

Application of Quantum Yitian and Tulong Universal Stick

一開始，是受中國大陸儀器用戶老友張德奎教授之託，幫忙製造一根可以攪拌飲品，進而改變水質的攪拌棒。坦白講，我原本不太願意做這種低科技水平的產品。但由於張教授本來從外國購入的一種不銹鋼棒漲價了，而且價格太過離譜，因此我就義氣相挺，想幫他做一根類似的替代品，這就是量子倚天萬用棒的研發由來。

但是如果只有活化水分子的功能，我又覺得太過枯燥無聊，因此我就順便加了一些功能，使整個量子倚天萬用棒的結構就是量子貼片的功能，加上食品級的不鏽鋼棒材質！

1 量子倚天萬用棒和量子屠龍萬用棒的詳細規格

◆ 量子倚天萬用棒的詳細規格

量子倚天萬用棒，又可簡稱為倚天棒。

材質　　食品級不鏽鋼。

長度　　15cm。

技術　　量子訊息瞬間降階（量子貼片的功能）。

功能	瞬間活化水分子。

用途	◆ 水分子小分子化。 ◆ 飲食更順口，提高身體吸收度。 ◆ 提高水分子波動力。

用法	◆ 飲品：將倚天棒插入飲品中，也可直接當攪拌棒使用。 ◆ 食物：將倚天棒插入食物中，建議至少維持 3 分鐘以上。 ◆ 菸品：將本棒插入菸盒，香菸會變得比較不嗆、好抽。 ◆ 直接碰觸在人體穴位，可立即對穴位進行充能，產生類似針灸的複合功能，且無需按壓或侵入，而是擺著即可！

其他說明	◆ 倚天棒也會同時對水進行充能，以及對水進行優化！例如：酒、咖啡、茶等飲品，皆會產生很神奇的效果。 ◆ 倚天棒處理過的飲食，皆有補虛（中醫理論）的效果（這跟貼片裡面的訊息配方有關）。因此，適合體力不佳或精神萎靡的人群使用！ ◆ 警告：含有量子防拷技術，請勿嘗試任何形式的複製，否則會立即導致本棒毀損。

　　後來，我覺得只有一根倚天棒太過無聊沒有伴，於是又再設計了一根屠龍棒來跟倚天棒作伴。

◆ 量子屠龍萬用棒的詳細規格

　　量子倚天屠龍棒，又可簡稱為屠龍棒。

材質	食品級不鏽鋼。

長度	15cm。

技術	量子訊息瞬間降階（量子貼片的功能）。

功能	瞬間活化水分子、充能。

用途	◆ 影響範圍約是直徑一公尺左右，最強。
	◆ 但是往外無界限，但越外面越弱！
	◆ 手握住後，啟動個人念力，屠龍棒會把你的意念放大射出。
用法	◆ 飲品：將倚天棒插入飲品中，也可直接當攪拌棒使用。
	◆ 食物：將倚天棒插入食物中，建議至少維持3分鐘以上。
	◆ 菸品：將本棒插入菸盒，香菸會變得比較不嗆、好抽。
	◆ 直接碰觸在人體穴位，可立即對穴位進行充能，產生類似針灸的複合功能，且無需按壓或侵入，而是擺著即可！
其他說明	◆ 屠龍棒也會同時對水進行充能，以及對水進行優化！例如酒、咖啡、茶等飲品，皆會產生很神奇的效果。
	◆ 屠龍棒處理過的飲食，皆有補虛（中醫理論：補氣）的效果。因此，適合體力不佳或精神萎靡的人群使用！
	◆ 警告：含有量子防拷技術，請勿嘗試任何形式的複製，否則會立即導致本棒毀損。

2 排毒反應和保健建議用法

◆ **排毒反應**

剛做完這個產品時，在實際應用上還很有限，不知道能用來做什麼？是經過一段時間後，透過大家的實驗、試用後，才逐漸發現其真正的用途！

很多人有感應力，覺得倚天棒比較沒那麼有感覺，但其實有效果比較重要啦！倚天棒跟屠龍棒本來就沒有比較意義，但是總是會被拿來相比。

因為屠龍棒是對外發射宇宙能量，如果硬要評估其層級，宇宙能量的層級高於任何人類認知的神佛或高靈等。

每個人對於這種強大的宇宙能量反應不一，但這純粹只是個人感

覺，不影響宇宙能量作用於人體，也就是身體的對應共振是立即發生的！每個人的身體暢通程度不同，因此當身體被宇宙能量影響後，會產生程度不一的排毒反應（好轉反應）。

最常見的就是高度疲累，這就是一種排毒反應！排毒反應的時間不一，沒有排毒反應也不見得是身體很通暢，反而有可能是阻塞太多，短時間內排不出來，因此，為了避免屠龍棒產生太強烈的排毒反應，倚天棒主要能對載體進行充能。水分透過充能，再進入人體，對人體健康也會起充能效果。

用白話文講，就是會有補氣的功能。身體的氣足夠，代謝力就會正常，有足夠的能力將身體不良代謝物及時排出體外！因此才會建議將屠龍棒和倚天棒一起配合使用。

人體肉身能承受的能量有限，而且人類短暫所能接收的能量也有限。倚天棒是物質能量，由體內進行能量補充，促進身體自發性地進行清掃、代謝！

倚天棒和屠龍棒推出一個多月後，反應非常多！大致上就是反應身體的不適不見了，後續的反應就是類似開始不舒服了，且思想上，也開始變負面。這個現象主要是身體內的東西排不出來，因為任何不好的東西，都受不了宇宙能量！

因此負面的東西被逼得不排出都不行，而這排出的過程，就會導致許多的症狀！甚至排不出來，而一半卡在身體，這就是因為沒有用倚天棒打底所致！所以一再地提醒，倚天棒跟屠龍棒是一對，平時應該多使用倚天棒來處理體內的能量、氣脈淤堵，讓不該待在體內的東西排出來才是。

倚天棒是用來處理肉身內部的問題，用的是物質性的能量；屠龍棒不是用來直接處理肉體的問題，但是使用屠龍棒可以讓肉體得到很神奇的調整。

為何大部分人會覺得屠龍棒能快速緩解很多的不適？邏輯是你靠近太陽太近、太久，人是受不了的，因此在高能量（屠龍棒）靠近時，很多體內的東西在消融，但也在往外排，並需要倚天棒事先打通整個外排的相關管道。等到都排完了，理論上身體會非常健康，什麼都可以不再需要了！

♦ 保健建議用法

① 平時的飲食皆用倚天棒先行攪拌後，才進行食用。

② 每天找一個時段，改用屠龍棒進行攪拌（早上或晚上，避開中午）。

③ 屠龍棒可以持續靠近人體進行調理，只要沒有不適，沒有擺放時間限制。

量子屠龍萬用棒。

③ 屠龍棒的使用前準備及實驗操作

♦ 如何透過屠龍棒寫入訊息

① 將屠龍棒水平放在雙手上。

② 如果是左撇子，紅色握柄靠在左手，反之則靠在右手。

③ 心裡默念訊息，由把柄從棒身金屬放大並發送出去，同時其中一隻手由握柄處往棒身滑出去（是否碰觸棒子無影響）。

♦ 屠龍棒寫入訊息的範例

假設要把訊息寫入一杯水中，手拿握柄，棒尖指向水杯中的水，

並順時鐘方向繞圈，同時心中默念要寫入的訊息，下面是實際寫出的訊息例句。

① 寫入補充腎精、腎氣訊息。

② 寫入立即退燒訊息。

③ 針對，不管是流感或其他類感冒病徵，都是有一定效果的！

　　建議，以溫水為主（不可以用高溫水），慢慢喝下，千萬不要喝太快，喝越慢越好！約是 10 幾分鐘後，就能漸漸降溫了。

♦ **屠龍棒實驗操作**

實驗案例一：屠龍棒處理咖啡實驗

　　我平常都喝熱咖啡，已經很久沒有喝市面的罐裝咖啡了，今天心血來潮，買兩罐來做實驗（因為買兩罐比較便宜）。為了好觀察，把咖啡倒出來（右圖）！

　　把罐內咖啡倒到玻璃杯裡，剩餘的咖啡我就喝掉，然後記得那個感覺，直接放入屠龍棒，不攪拌，5 分鐘後，觀察咖啡外觀，感覺咖啡有較清透，原來是很混濁的咖啡色！現在表面及顏色都有所改變。

① **日期**：2020 年 1 月 7 日，早上。

② **材料準備**：美式咖啡、三包糖、一顆奶精。

③ **試驗前**：用湯匙喝一小口，很濃香的咖啡，而且很甜，完全不苦。

④ **試驗結尾**：之前屠龍棒只接觸咖啡約 1 分鐘，然後抽出來，用紙巾擦拭後收起來，放回保存膠套。20 分鐘後，狀況依然保持，咖啡味沒有恢復，也依然是奶精糖水。唯一的改變，就是咖啡變冷了，但是喝進體內後，溫熱效應並沒有消失。

⑤ **實驗總結**：對於喜歡喝咖啡的苦、酸、焦味的人，做此實驗並不聰明，因為咖啡的全部味道幾乎不存在了。但是對於喜歡聞咖啡

香味，卻不喜歡咖啡苦味的人，這個實驗應該是有統計學意義的，糖原先的甜膩感，明顯感覺變扁平了！至於，提神效應有沒有變？我試不出來，因為我喝了任何提神的飲品，都照睡不誤，沒有影響。喝完後，感覺自己的中焦發熱，很舒服！

實驗後喝起來，感覺咖啡的味道變得很淡，甜味有比較不甜，整個咖啡變得好像在喝巧克力一樣，口感也變得比較柔順。

實驗案例二：屠龍棒與茶

在香港茶樓用的茶葉肯定不是什麼好茶，屠龍棒就是簡單插到壺裡，然後抽掉，用衛生紙擦一擦就收起來了。整個茶味幾乎完全消失，好像是在喝白水。席間，我們不斷補充新的滾水進去，茶味一樣沒有恢復，這過程約是2小時左右！

4 量子倚天、屠龍萬用棒應用實例分享

◆ 某中醫師的回饋

林大哥，小妹回饋使用心得：今日運氣似不佳，但無意發現屠龍棒的其他效果。

① 早上出門喝碗鹹豆漿，被超熱的豆漿燙到手指（一定是起水泡的狀態），因身上剛好沒帶藥品，索性用燙到的手緊緊握著屠龍棒，約10分鐘後，熱感不見了。

② 下午到某地，不小心踩空樓梯（典型的翻腳刀），因人在外面且實在是太痛、沒法站，所以先用雲端的兩個校正（例如：任何骨折之緊急處理、正骨紫金丹），並把屠龍棒做為刮痧棒使用，約20分鐘左右，雖疼痛感仍有，但消腫速度甚佳。

♦ **屠龍棒用戶的分享**

博士，昨早開課，順道將屠龍棒帶著，喝咖啡、喝水時使用。學員看到我在用，她們好奇地借用、攪拌。結果如下。

① 昨天上課學生輪流一直跑廁所，她們回應今天尿怎麼那麼多？上週上課都不會。我就分享這是剛剛喝屠龍水淨化身體的緣故啊！

② 昨天上的是整理意識思想相關課程，而大家突然開竅，每個人都覺得自己怎麼那麼有智慧。可以腦筋不打結，並跟我超連線，一點就通，會書寫整理！是最有效能的一次學習。於是，我又分享這是喝了屠龍水後開智慧（開悟啦！昨天上課大家都超開心！

♦ **加拿大多倫多用戶的屠龍棒V.S.蔥的生長**

不知道有沒有人自己在家做過這樣的實驗？

我的先生一直覺得這個咖啡攪拌棒是騙人的產品，我和他做了咖啡品嚐實驗，他完全察覺不出差別，並說我被騙了！

因為屠龍棒的好處大部分都是主觀的感受，所以一個客觀的方式，就是找出能夠用肉眼觀察的方法。

之前博士提到屠龍棒的能量是五行裡的木，而我自己想說「木」的能量是不是對植物生長也有幫助？

這個是第一組實驗，我的先生還是半信半疑，覺得我有動手腳，因此未來我會再做好幾組。

下面就是第一組實驗的準備過程照片！

2020年7月13日，我去市場買的同一把蔥，並分別取兩根蔥，都切成5cm長。
左邊的蔥，澆屠龍棒攪拌過的水；右邊的蔥，澆普通的自來水。

2020年7月13日，將兩段蔥朝東放在室外，接受一樣的陽光，且兩根蔥相距30cm以上。

2020年7月16日，第3天，左邊澆屠龍棒攪拌過的水的蔥，先露出頭。

2020年7月27日，第14天，左邊澆屠龍棒攪拌過的水的蔥，明顯高出另一根蔥許多。

♦ 台灣道長的分享

　　這兩支倚天棒和屠龍棒是很好的東西，我從事道士工作，若有特別奇怪的症狀，只要將這兩支拿出來用，就很有效了。

　　昨天有個小女孩，總是半夜起床，想找舅舅（但她媽媽沒兄弟，不可能有舅舅），並常常自言自語地跟舅舅玩，我出奇不易的拿出倚天棒與屠龍棒，她的狗跟我門外的狗齊聲「吹狗吠」。

　　小女孩昏倒，我再用屠龍棒的水給她喝，而她忽然變出一個男聲，向我嗆聲，我就再以屠龍棒刺其主要穴道。女孩大哭之後睡著，隔天完全恢復正常，證明這兩支倚天棒和屠龍棒有夠好用。

　　感謝@Adams康靖（志安）的分享，讓我初次感受「正能量」的好處。以上絕對屬實，但因有幼兒保護法，無法將影片公開，敬請見諒。

　　草屯三官大帝清虛堂陳昇宏敬啟。

♦ 一般上班族分享

　　我老婆使用電腦的時間長，到下午手腕就會不舒服。她用屠龍棒淨化水後，將屠龍棒順手放在旁邊，約距離手腕10cm，就繼續做事，下班時忽然回神，原本每到下午手腕就會開始不舒服的狀況，竟沒發生。很開心，原來不用碰到皮膚，就會有影響了

　　另一個發現，老婆分享用攪拌的方式比直接放到水裡，淨化飲品的速度更快，且喝起來感覺更圓潤，會甜。

♦ 中國醫師屠龍棒處理睡眠分享

　　這是我的睡眠質量數據，從11月分開始，我把屠龍棒放在枕下，睡眠趨勢就上揚，且再沒下來過。

而當我把倚天棒放在餐桌上後，90天的體重數值顯示：體重⬆、脂肪⬆，肌肉⬇，而且我還得了一個「長肉小標兵」稱號。

11月起的睡眠趨勢。　　90天內體重、脂肪、　　長肉小標兵的稱號。
　　　　　　　　　　　　肌肉的數值變化。

醫生就是不一樣，數據講求科學！另外，女性的體內脂肪本來就該高一些，這是正常的。

◆ **母女的實際測試分享**

今天中午，一位儀器用戶帶女兒來訪。因為今天是預購的最後一天，所以想先確認倚天棒和屠龍棒的實際功能後，再決定是否購買？

母女兩人都自稱很遲鈍，女兒是家裡最敏感的一位！我各給她們一根屠龍棒拿在手上，約是10分鐘後，都沒有任何感覺。女兒說：「好像有點暈暈的？」在等待的這段時間，我們就閒聊倚天棒和屠龍棒的研發原因與過程！

我們聊到，我是用台灣58度的金門高粱酒進行倚天棒的功能測試。她們都很怕酒，剛好媽媽的水瓶裡有滴幾滴檸檬汁，因此就用瓶檸檬水來測試！在準備的過程中，她們繼續氣定神閒地拿著屠龍棒，測試完畢後，母女二人都確認倚天棒確實改變了檸檬水的口感。

255

過約幾分鐘後，媽媽突然說：「有感覺了，感覺到屠龍棒的能量了！」而且我看到媽媽流得滿頭大汗，同時女兒也喊：「全身非常熱！」

後記

因為母女二人皆為寒濕體質，所以沒有感覺很正常。屠龍棒是由外向身體內影響，因為體質的緣故，所以效果自然不明顯。就像開大火去烤一塊冷凍肉，也許外皮已經燒焦，但是肉的裡層還是凍的。

為何喝了檸檬水後，才全身發熱？而且熱得誇張！因為檸檬水除了被小分子化外，同時被充能了，且喝進體內後，鬆動了體內的寒，所以把一直在外面攻不進身體裡的宇宙能量給連接進來了！內應外合之下，立即提高身體的熱能！

◆ 用戶使用倚天棒、屠龍棒與排便的分享

有用戶反應自從聽了建議後，開始使用倚天棒攪拌飲品後，才飲用。本來大便不成形的，自從這樣喝後，排便都很順利，且都是成形的。後來，改換屠龍棒攪拌，竟然就便秘了。

◆ 用戶使用屠龍棒與美容保養品應用分享

有某用戶平時體感較不明顯，很多能量產品都沒有感覺，這次因為好奇，買了一根屠龍棒，同樣也沒有任何感覺。因為他平時重視保養，所以買了很多高價的保養油。而很多保養油在冬天會變黏稠，甚至還會凝固，因此在取用時，都要找器具來挖取。

他無意中發現，用屠龍棒來挖取保養油，非常的好用，保養油也融化的特別快。重點是用屠龍棒把保養油塗到臉上後，吸收非常快，超越了原來只用一般美容棒挖取的速度，因此他後來就直接用屠龍棒來當臉部的塗抹棒，效果非常驚人。

◆　用戶使用屠龍棒與烈酒的分享

某用戶平時不敢喝酒，像二鍋頭這種烈酒，喝一小杯，就覺得很強，受不了。拿到屠龍棒後，經過屠龍棒攪拌處理過後，他覺得二鍋頭很甜、很好喝，不知不覺地，就把整瓶酒喝光了。

◆　屠龍棒應用於中風病人的分享

中年婦女中風不醒人事，全身不利！要求照顧自己的外傭，在餵食任何液體時，先使用屠龍棒攪拌後，再進行餵食。約半個月後，她恢復神智，且半身已經可以簡單動作！

◆　上海用戶的分享

有次在上海某用戶家，這位女士是比較敏感的體質。一開始，我們對屠龍棒沒有任何共識，我只是拿出來攪拌茶來測試前後口感。我也不喜歡一開始針對屠龍棒的功能多加解釋，因為這會有催眠的嫌疑。由於這女士比較敏感，就讓她拿在手上把玩著！

突然，這女士驚呼，他的食指發麻，而且開始往上蔓延，一直走到頸部大椎穴處，有點卡住，且頭很暈。她換用不同手指碰觸屠龍棒的棒尖，都沒有任何的感覺，只有食指會一直往上麻。我怕發生危險，於是建議她，如果不舒服，就拿開不要再試，先休息一下再說。

她於是把屠龍棒放在掌心及放在不通的大椎穴！期間，因為小孩淘氣，所以她提高音量教導小孩，而她驚覺自從握了屠龍棒，人會很平靜，要是平時小孩不聽話，她早就抓狂了。後來，我們發現屠龍棒確實有安定的效果。

◆ 用戶落枕分享

用戶昨天剛好落枕，就直接把屠龍棒對準痛的地方放著約20～30分鐘後，感覺疼痛緩解不少。

◆ 用戶乳房脹痛分享

月經來前一週，乳房脹痛，把屠龍棒放在壓痛點（主要為乳房下緣肋骨處），約20分鐘後，乳房脹痛完全消失！

◆ 葉姓身心靈老師分享

屠龍棒使用近兩個月了，這支隨身攜帶方便的棒子對我的身體、體質、生活上有非常不同於以往的改變。

① 30幾年鼻竇炎毛病，看遍中西醫、使用過精油，各種方式都是治標，短暫有改善，非治本。鼻涕倒流的狀況也有20年，反反覆覆，一開始使用屠龍棒就感受到身體變化不同。我也是體虛寒型怕冷，但今年冬天對我而言就像涼爽的秋天，都是穿薄外套出門。體溫改變，有升溫，鼻子的毛病無形中改善到90%全好。過去花費在治療鼻子上的費用數不清啊！鼻子症狀改善，當然睡眠品質就更好。想不到屠龍棒讓「治本」發生！這一支屠龍棒真的帶給我不同的身心狀態（較平靜），讓我看事的角度更開闊。

② 每天早上飲用屠龍棒攪拌過的水，排便順暢（手握棒子發送意念，喝屠龍水排便順暢，身體細胞活化、健康）。我以前要吃水果才能排便順暢，現在不吃水果，幾天都能排得順暢。每日輕鬆無比，屠龍棒放在飲料、食物中吃了輕爽無負擔。以前會胃漲氣，現在也明顯改善。

③ 這次出國上課跌倒受傷，將屠龍棒（當針灸棒概念）放在痛處，明顯感受到走氣，瘀青處消散快。一棒在手，走遍世界各地萬用！價格不等同價值，價值要由自己的體驗去顯現。許多身體、心靈上的轉變已經在潛移默化中進行。

今天領取屠龍棒後，在餐廳一起吃飯時，就放在後腰部（約是命門穴附近），吃飯時間約 1 個多小時！

離開後 2 小時後，我們到維園打乒乓球，發覺體力好了很多，更靈活了，彎腰拾球疼痛減少。難得我先生有感覺，他一直放在身上（他向來不相信這些東西的）！

◆　屠龍棒用戶應用在胃部分享

因為個人腸胃不太好，不敢針灸，昨天將屠龍棒放中脘穴（沒學過中醫，憑個人直覺選），約 1 分鐘。

一開始覺得熱熱的，後來有壓迫感，然後會覺得有痛感（可忍受），然後將棒子移開，慢慢熱的感覺似乎會擴散全身，為約隔 15 分後，出門不需穿外套（昨天台北天氣微涼）。慢慢散步行走約 20 分後到車上，再靜坐 10 分後莫名突然爆汗，然後才逐漸降溫（因為後來回程走到一半需穿外套），以前只要天氣降溫就容易胃痛，昨天沒發作。今天還沒使用，胃有輕微感覺痛，因此昨天使用屠龍棒的結論：會產熱，作用力約 1 小時達巔峰。

5　中醫的針刀療法及量子屠龍萬用棒

◆　關於中醫的針刀療法

小針刀是將傳統醫學針灸的「針」，和現代醫學的手術「刀」，結合為一體的新醫療工具。融合二者的特色和原理，用類似針灸的不銹鋼針，再把針尖改為刀刃狀，針入穴道內或骨骼肌肉間，剝開軟組

織黏連病變和鬆解肌肉筋膜，治療只要數秒、不需留針即可完成。由於針具非常細，刺入時痛感非常輕微，也不需麻醉，進針的針孔非常小、幾乎看不出治療點，以後也不會有疤痕，因此也稱為中醫的微創針法。

什麼樣的問題可以用針刀治療呢？

對於一般常見的軟組織沾黏，例如：媽媽手、板機指、網球肘、五十肩等療效不彰之頑固性疼痛，以及久年痠痛皆有特殊療效。臨床上，針刀治療的疾病不僅是針對人體肌肉、肌腱、神經、血管等軟組織損傷有顯著療效，甚至也有應用到內臟系統的部分疾病。

小針刀的適應症

- 各種慢性軟組織損傷黏連所致頑固性疼痛，例如：滑囊炎、狹窄性腱鞘炎、肌肉和韌帶累積性損傷、五十肩、網球肘等。
- 骨質增生（骨刺）引起的痠痛，例如：頸椎或腰椎骨刺引起的頸部或腰部酸痛、退化性膝關節炎、創傷後關節炎、足跟痛等。
- 脊椎滑脫、頸或腰椎間盤突出、腕管狹窄造成神經受壓所產生的麻痺疼痛。
- 頸椎退化導致眩暈、偏頭痛、耳鳴、後頭痛等。

◆ 使用量子屠龍萬用棒模擬針刀操作

量子屠龍萬用棒是使用量子貼片所延伸製造的神奇工具。

量子屠龍萬用棒的五行屬性　　木。

量子屠龍萬用棒的能量層級　　宇宙能量。

| 量子屠龍萬用棒的使用期限 | 官方保證1年，正常使用下至少5年不變。 |

　　用屠龍棒模擬傳統中醫的針刀操作，但是實際作用於能量層，而非小針刀作用於物質層（肉體）。一般情況，人體的能量層約距離身體表面約是50cm左右（因人而異）。使用屠龍棒的金屬棒尖直接垂直插入能量場，並進行一定次數的拔插，次數無一定限制。

　　在患處進行一定次數的拔插後，把屠龍棒水平拿著，水平棒身對個案進行患處的疏通，由上而下疏通開來，一直疏通到腳尖，疏通多幾次也無限制。透過隔空疏通能量場，而對物質層起了一定的影響。

天堂之矛

都差一點忘記我有新加坡的儀器用戶了，主要是因為他們只懂英文，不熟中文！我把屠龍棒的照片發給他看，他拿給老婆看，他老婆回答：「heavenly spears」，那段英文翻成中文就是天堂之矛。他老婆是天眼通，這個稱呼真是超級到位。

常見 Q&A

Questions and Answers

QUESTION .01

如果要播種，種子要如何處理？是直接放在板子上，然後跑農業那一項嗎？

請將種子直接放在沾黏板上（若有鋁箔包裝，須先拆除包裝），然後執行程式裡面的 Agricultural Alignment 程式即可。

QUESTION .02

種子跑土壤程式或農業程式時，種子要放在那裡？是直接放在延伸檢測板上，還是沾黏板上呢？

請將種子直接放在沾黏板上（若有鋁箔包裝，須先拆除包裝）。

QUESTION .03

土壤要怎麼處理，用照片嗎？盆栽如何處理？若是一小塊地要如何處理？

請用高解析照片，邏輯是有拍到就能調整到，沒照到的地方就不會調整，如果地太大，可以多照幾張照片。請把所有的照片印出來（請去照相館輸出照片，不要自己印），全部放在延伸檢測板上即可，重疊無妨！

QUESTION .04

如果相片裡有兩個人或者多個人，那究竟會調理到幾個人呢？還是根本什麼都沒有調呢？

若一張照片中有一個人以上，將會造成嚴重的訊息互滲，影響深遠，要很小心。照片中有多個人，理論上這些人都會被調到，但由於訊息互滲的關係，長期這樣做會產生無可預期的大災難。美國曾做過實驗，同時調整不同品種的果樹，結果長山來的水果完全無法入口，非常難吃！同理可證，若用在人，可能會讓兩個人的疾病互相傳染。

請問，若用軟體來剪掉中間的另一個人可以嗎？

不可以，因為那樣會破壞電子圖形檔的完整性。而且目前大部分的圖形編輯軟體都是使用破壞性壓縮的運算技術，因此一旦編修（包括轉方向）過，就有可能讓原照片所含的訊息總量大量流失。

儀器開機時，我的電腦很靠近儀器，這時插在電腦裡的記憶卡中的照片會被儀器刪除嗎？

數位照片是以數位格式存在的，所以是不會被儀器的「自我淨化」功能刪除。因為數位格式本身沒有訊息，只有當數字格式重組時產生幾何效應，這時訊息才會重現。但一般實體照片是以幾何格式存在，因此若是一般實體照片，就會被儀器開機時的自我淨化功能，中和掉照片裡的訊息！

使用儀器的手動模式時，Scale 調到 100.0 或 1000.0 有什麼差別？

那指的是檢測時的解析度，值越大則解析度越高，所度量的訊息就越細微，如果沾黏板技術尚未操作得很純熟，不建議調整到 100 以上的刻度。Scale 的解析度，主要用在檢測；若是在進行等化平衡時，調 100 或 1000 並沒有差別。

用儀器的單機模式跑 02 Initial Tests 程式（用頭髮）常常已經清好了，可是隔個幾天再測，還是需要清？這表示什麼？

這個程式主要用來淨場（淨化環境場），而不是用來淨化樣品的（頭髮）。環境因為有人進出，經常需要清是正常的。樣品的淨化是使用位於生物場域程式裡的（Intake Clearances），中文叫「引入端淨化」，這才是用來淨化樣品的程式。人會移動，去不同地方或吃不同的東西等，都會造成干擾值變大，所以環境常常需要清是正常的！

調房子各個區間風水時，所拍的相片可不可以幾張重疊放在紙袋中，然後放到延伸檢板去測？

可以，沒問題。每一張照片的訊息不同，儀器會自動處理，不必擔心！

這些率值的含義和用法是什麼：執行適當的等化、執行全部適合等化、前世 / 祖先 / 遺傳、有利的遺傳訊息、同類療法？

⇒ **執行適當的等化**：這是避免人為過度對於某些項目等化過頭，理論上是不會，但留個伏筆，給需要的人用。

⇒ **執行全部適合等化**：同上。

⇒ **前世 / 祖先 / 遺傳**：進行遺傳方面的調整（具體用法不明，主要針對有遺傳性問題者）。

⇒ **有利的遺傳訊息**：進行遺傳方面的調整（具體用法不明，主要針對有遺傳性問題者）。

⇒ **同類療法**：懂同類療法就會知道這是什麼，也會知道如何用，這是同類療法的藥方之一。

使用 Q.S.E. 1000 時，9V 電池可以使用多久，在和 USB 連接線或者電源線共用時，會不會有什麼影響（Q.S.E. 3000 型不適用）？

插電或是插 USB 線要拔掉電池，否則會因為反向放電，而使電池快速耗光（新款的 Q.S.E. 3000 型不需要裝電池，已內建）。

說明書裡的穴位經脈，怎麼運用（穴位編號），請舉例示範說明一下？

與一般的等化率值用法一樣，就是直接加到療程中即可。例如：Urinary Bladder 40 就是指中醫的委中穴，出現任何腰痠背痛的症狀時，都可以加入此項。

在改良式中醫有一種做法是在腳反射區直接注射中藥萃取液，可直接用自然語言的方式來描述使用嗎？（例如：在腳底心臟反射區注射當歸液 5ml）

這種療法稱為水針療法，可以用自然語言描述。

請問在製作同類製劑時，所使用的水有無特別要求？還是任何水都可以呢？

一般的水皆可，但不可使用蒸餾水或是 RO 淨水器過濾後的水，因為水中已經沒有天然的礦物質，將不利於訊息轉錄在礦物質上。如果希望效果好

（在不加酒精的前提下），可使用一些具有高波動的訊息能量水，這是一種特殊設計的濾水器，水在通過濾水器後，會具有高波動，有利於訊息的保存及加強同類製劑的功效。目前已知鈦生公司出品的「鈦生量子訊息水機」的水具有此高波動的功能。

最近在調整自己或別人時，有種感覺就是調完之後，發現會有「很累」的感覺？

首先，請先自問：自己是不是「過勞」了？自己幾點睡？每天睡了幾個小時？在我們公司還沒有接觸量子儀器前，我們公司的鈦博士（Dr. Titan）產品也有這種現象！

之前我們公司有一位美工設計，我看到他沒有戴我們公司的產品，而我們公司規定每位員工皆須佩戴我們自己的鈦博士產品。一問之下才知道，他只要一戴我們公司的產品後，就會立即覺得很疲累，完全無法用自己的意志力硬撐，而且嚴重達到非睡不可的境界。

這位美工的作息是每天熬夜，日夜顛倒，每天白天靠喝大量的咖啡硬撐。而鈦博士產品功能很單純，只是「立即」促進血液迴圈及「立即」放鬆肌肉兩個功能。

可是這單純的兩個功能，就能活化身體及促進代謝，而代謝活動就會將藏在體內深層的廢物排出，此一排出會造成身體短暫的酸化現象，套句保健業常講的話，這就是暝眩反應（好轉現象）。

在香港也有一位曾經被開通脈輪的用戶，她分享被儀器使用宇宙能量調整約 10 分鐘後，當晚睡覺也特別疲累，那種感覺跟她剛被開啟脈輪後的情況一模一樣。

最近我們也剛幫一位在上海的老總開啟他的中脈，他的反應是當晚睡得真好。因此請大家「該睡」時就要睡，真的不能睡也就罷了，但有些人就是已經習慣硬撐著不睡，真不知道是在「等什麼」。

另外有一個可能，就是因為調整的頻率太高（訊息層次），肉體不適應所產生的短暫現象。隨著身體持續接受調整而慢慢好轉後，此一疲憊現象有可能會消失或減輕！如果還是不能緩解，就建議先減少量子療程的執行總量，之後再慢慢加上來。

逸情過後‧
科技已至：

量子空間等化儀系列一 **上**

書　　　名	逸情過後‧科技已至： 量子空間等化儀系列一（上冊）
作　　　者	莫明
主　　　編	譽緻國際美學企業社‧莊旻嬑
助理編輯	譽緻國際美學企業社‧許雅容
美　　　編	譽緻國際美學企業社‧羅光宇
封面設計	洪瑞伯
發　行　人	程顯灝
總　編　輯	盧美娜
美術編輯	博威廣告
製作設計	國義傳播
發　行　部	侯莉莉
財　務　部	許麗娟
印　　　務	許丁財
法律顧問	樸泰國際法律事務所許家華律師

藝文空間　三友藝文複合空間
地　　　址　106 台北市安和路 2 段 213 號 9 樓
電　　　話　（02）2377-1163

出　版　者　四塊玉文創有限公司
總　代　理　三友圖書有限公司
地　　　址　106 台北市安和路 2 段 213 號 9 樓
電　　　話　（02）2377-4155、（02）2377-1163
傳　　　真　（02）2377-4355、（02）2377-1213
E-mail　service@sanyau.com.tw
郵政劃撥　05844889 三友圖書有限公司

總　經　銷　大和圖書股份有限公司
地　　　址　新北市新莊區五工五路 2 號
電　　　話　（02）8990-2588
傳　　　真　（02）2299-7900

初　　　版　2023 年 1 月
定　　　價　新臺幣 425 元
I S B N　978-626-7096-23-9（上冊：平裝）

http://www.ju-zi.com.tw
三友圖書
友直 友諒 友多聞

三友官網

三友 Line@

國家圖書館出版品預行編目（CIP）資料

逸情過後.科技已至：量子空間等化儀系列. 一 / 莫
明作. -- 初版. -- 臺北市：四塊玉文創有限公司,
2023.1
　面；　公分
　ISBN 978-626-7096-23-9(上冊：平裝)

1.CST: 量子力學

331.3　　　　　　　　　　　　　　　111019899

五味八珍的餐桌
品牌故事

60 年前，傅培梅老師在電視上，示範著一道道的美食，引領著全台的家庭主婦們，第二天就能在自己家的餐桌上，端出能滿足全家人味蕾的一餐，可以說是那個時代，很多人對「家」的記憶，對自己「母親味道」的記憶。

程安琪老師，傳承了母親對烹飪教學的熱忱，年近 70 的她，仍然為滿足學生們對照顧家人胃口與讓小孩吃得好的心願，幾乎每天都忙於教學，跟大家分享她的烹飪心得與技巧。

安琪老師認為：烹飪技巧與味道，在烹飪上同樣重要，加上現代人生活忙碌，能花在廚房裡的時間不是很穩定與充分，為了能幫助每個人，都能在短時間端出同時具備美味與健康的食物，從 2020 年起，安琪老師開始投入研發冷凍食品。

也由於現在冷凍科技的發達，能將食物的營養、口感完全保存起來，而且在不用添加任何化學元素情況下，即可將食物保存長達一年，都不會有任何質變，「急速冷凍」可以說是最理想的食物保存方式。

在歷經兩年的時間裡，我們陸續推出了可以用來做菜，也可以簡單拌麵的「鮮拌醬料包」、同時也推出幾種「成菜」，解凍後簡單加熱就可以上桌食用。

我們也嘗試挑選一些熟悉的老店，跟老闆溝通理念，並跟他們一起將一些有特色的菜，製成冷凍食品，方便大家在家裡即可吃到「名店名菜」。

傳遞美味、選材惟好、注重健康，是我們進入食品產業的初心，也是我們的信念。

冷凍醬料做美食

程安琪老師研發的冷凍調理包，讓您在家也能輕鬆做出營養美味的料理。

冷凍醬料的 5 大優點

省調味 × 超方便 × 輕鬆煮 × 多樣化 × 營養好

選用國產天麴豬，符合潔淨標章認證要求，我們在材料和製程方面皆嚴格把關，保證提供令大眾安心的食品。

三友官網

五味八珍的餐桌官網

五味八珍的餐桌 FB

程安琪鮮拌味 FB

程安琪入廚40 年 FB

五味八珍的餐桌 LINE @

聯繫客服　電話：02-23771163　傳真：02-23771213

程安琪

冷凍醬料調理包

香菇蕃茄紹子

歷經數小時小火慢熬蕃茄，搭配香菇、洋蔥、豬絞肉，最後拌炒獨家私房蘿蔔乾，堆疊出層層的香氣，讓每一口都衝擊著味蕾。

雪菜肉末

台菜不能少的雪裡紅拌炒豬絞肉，全雞熬煮的雞湯是精華更是秘訣所在，經典又道地的清爽口感，叫人嘗過後欲罷不能。

麻辣紹子

麻與辣的結合，香辣過癮又銷魂，採用頂級大紅袍花椒，搭配多種獨家秘製辣椒配方，雙重美味、一次滿足。

北方炸醬

堅持傳承好味道，鹹甜濃郁的醬香，口口紮實、色澤鮮亮、香氣十足，多種料理皆可加入拌炒，迴盪在舌尖上的味蕾，留香久久。

冷凍家常菜

一品金華雞湯

使用金華火腿（台灣）、豬骨、雞骨熬煮八小時打底的豐富膠質湯頭，再用豬腳、土雞燜燉2小時，並加入干貝提升料理的鮮甜與層次。

靠福‧烤麩

一道素食者可食的家常菜，木耳號稱血管清道夫，花菇為菌中之王，綠竹筍含有豐富的纖維質。此菜為一道冷菜，亦可微溫食用。

3種快速解凍法

想吃熱騰騰的餐點，就是這麼簡單

1. 回鍋解凍法
將醬料倒入鍋中，用小火加熱至香氣溢出即可。

2. 熱水加熱法
將冷凍調理包放入熱水中，約2～3分鐘即可解凍。

3. 常溫解凍法
將冷凍調理包放入常溫水中，約5～6分鐘即可解凍。

私房菜

純手工製作，交期較久，如有需要請聯繫客服
02-23771163

程家大肉

紅燒獅子頭

頂級干貝 XO 醬